城市黑臭水体遥感监测技术与应用示范

王桥 朱利 等/著

中国环境出版集团·北京

图书在版编目（CIP）数据

城市黑臭水体遥感监测技术与应用示范/王桥等著.
—北京：中国环境出版集团，2018.12
ISBN 978-7-5111-3841-5

Ⅰ. ①城… Ⅱ. ①王… Ⅲ. ①遥感技术—应用—城市污水—水污染防治 Ⅳ. ①X703.1

中国版本图书馆 CIP 数据核字（2018）第 218038 号

出 版 人 武德凯
责任编辑 丁莞歆
责任校对 任 丽
封面设计 岳 帅

出版发行 中国环境出版集团
（100062 北京市东城区广渠门内大街 16 号）
网 址：http://www.cesp.com.cn
电子邮箱：bjgl@cesp.com.cn
联系电话：010-67112765（编辑管理部）
010-67175507（环境科学分社）
发行热线：010-67125803，010-67113405（传真）
印 刷 北京中科印刷有限公司
经 销 各地新华书店
版 次 2018 年 12 月第 1 版
印 次 2018 年 12 月第 1 次印刷
开 本 787×1092 1/16
印 张 12.75
字 数 220 千字
定 价 60.00 元

《城市黑臭水体遥感监测技术与应用示范》

贡献作者

（按姓氏笔画排序）

丁元芳　丁潇蕾　王　桥　王雪蕾　申　茜

吕　恒　朱云芳　朱　利　朱学练　李云梅

李旭文　李佳琦　李家国　吴传庆　吴志明

张永红　侍　昊　周亚明　孟　斌　姚　月

程　乾　温　爽

感谢国家重点研发计划：城乡生态环境综合监测空间信息服务及应用示范项目“城镇水体水质高分遥感与地面协同监测关键技术研究课题”（课题编号：2017YFB0503902）和“十三五”水专项：国家水环境监测监控及流域水环境大数据平台构建关键技术研究项目“城市水环境遥感监管及定量评估关键技术研究课题”（课题编号：2017ZX07302003）联合资助支持。

前言

随着我国经济发展和城市化进程的加快，城市水环境呈现出局部恶化的趋势，特别是城市黑臭水体问题日益突出，引起了全社会的广泛关注。目前黑臭水体整治已经被正式列入地方政府水污染防治的主要任务，成为我国水环境保护的重点工作。如何科学认识黑臭水体的形成机理及其变化特征，实现黑臭水体的高效监管，是城市黑臭水体整治工作的基础，也是当前我国城市水环境保护面临的重大课题。

与基于地面布点采样的物理或化学分析监测方法相比，卫星遥感监测具有范围广、频率高、成本低、时效好等优势，是对传统水环境监测方法的重要补充。针对我国大范围城市黑臭水体监测、评估和管理的迫切需求，本书作者们在王桥研究员的带领下，率先在我国开展了城市黑臭水体遥感识别方法及应用研究，先后在华北地区、西北地区、东北地区、华东地区、长江中下游地区、东南地区等不同区域的典型城市进行了黑臭水体星地同步观测试验，系统获取了不同区域城市黑臭水体的水表、水质、水体、近地面、大气和光谱等相关参数，将水体透明度、溶解氧、氧化还原电位以及氨氮浓度等重要水质参数转换成黑臭程度指数，成功构建了城市黑臭水体遥感监测、分级与评估模型，并在 20 多个典型城市开展实际应用，实现了城市黑臭水体大规模遥感监测、定量分级和整治情况综合评估。

本书作为上述工作的技术总结，系统阐述了城市黑臭水体遥感监测高分辨率卫星数据处理、星地同步试验的过程和方法，揭示了与黑臭水体相关生物化学参数的光学特征、城市黑臭水体表观光学特征和固有光学特征，开展了黑臭水体吸收特性的影响因素分析，提出了基于经验算法、色度指标、人工智能方法的城市黑臭水体遥感识别方法，建立了基于半分析算法的城市黑臭水体定量分级模型，初步形成了一整套城市黑臭水体遥感监测技术流程和操作规范，并给出了多个典型城市黑臭水体遥感监测、治理成效评估的具体应用实例，表明了所建立的城市黑臭水体遥感监测方法的实用性和有效性。相信本书的出版将为我国城市黑臭水体监管和水污染防治提供新的技术手段，为我国水环境遥感监管研究与应用提供有价值的参考。

全书共分为6章，内容由浅入深，逐步引入黑臭水体遥感监测涉及的不同方面和处理层次。第1章总体概述了当前黑臭水体的现状与研究进展、涉及的基本概念，高分辨率遥感在黑臭水体监测中的优势与发展，常用的高分辨率传感器以及遥感监测黑臭水体的总体技术框架；第2章简要介绍了高分辨率遥感数据预处理的内容，包括几何校正、大气校正、城市建成区提取、城市水系提取等；第3章详细介绍了星地同步试验点位设计，参数测量的原理、设备、方法、注意事项，测量数据的处理过程与结果以及试验数据集案例等；第4章系统阐述了城市黑臭水体的生物光学特征，包括水质参数特征、表观光学特征、固有光学特征，分析了黑臭水体吸收特性的影响因素，如颗粒物吸收特性、CDOM吸收特性；第5章重点论述了黑臭水体遥感识别和定量分级方法，从不同算法原理、算法精度分析、算法适用性分析等方面详细论述了基于经验算法、色度指标、人工智能方法、半分析算法等角度建立的不同的遥感识别模型；第6章从黑臭水体遥感监测在各地区的应用层面，举例介绍了华北地区、东北地区、西北地区、长江中下游地区、华东地区、东南地区某些城市黑臭水体的概况、过程及监管结果。

本书的出版凝聚了黑臭水体遥感监测研究团队多年的心血，第1章概论由王桥、朱利、吴传庆、申茜撰写，第2章由李家国、朱云芳、李佳琦撰写，第3章由申茜、朱利、姚月、朱学练撰写，第4章由李云梅、吕恒、王雪蕾、丁潇蕾、温爽撰写，第5章由吕恒、李云梅、丁潇蕾、吴志明撰写，第6章由朱利、侍昊、申茜、李家国、周亚明、孟斌、丁元芳、温爽撰写。张永红负责全书的统稿与修订，朱利负责全书的核稿。在此感谢所有参与数据处理与定点试验的人员，特别感谢李旭文、程乾等老师在研究过程中给予的指导，同时本书的第4章、第5章部分内容是丁潇蕾、温爽硕士毕业论文的重要组成部分。

本书力求全面又准确地介绍黑臭水体遥感监测的基本原理、方法、过程及结果，但由于水平有限，疏漏和不足之处敬请批评指正。

作者

2018年8月于北京

目录

图目录

表目录

1 概论

1.1 主要背景

在城市发展进程中，工业、农业和生活产生的废水、污水使城市水体受到严重污染、不再清澈，甚至颜色发黑并散发恶臭。城市河流由于靠近城市或流经城市内部，利用程度高，承受城市污水、流域冲刷雨水的排入，同时受到周围城市的城市化进程和人类活动的巨大影响，因此其污染程度重于普通河流。我国 92%的城镇面临水污染的威胁，许多城市的水体出现了常年性或季节性的黑臭现象。根据住房和城乡建设部与原环境保护部联合发布的全国城市黑臭水体整治信息显示（http：//www.hcstzz.com/），我国 295 个地级及以上城市共有 2 100 条黑臭水体。全国城市水体黑臭程度的加剧成为制约我国社会、经济发展，影响我国生态安全的重大环境问题。

黑臭现象的产生在很大程度上削减了水体对该区域的经济、文化、生态环境效益的贡献，极大地降低了周边居民的幸福感，严重影响了居民的生活品质和身心健康，制约了当地的发展。从生态环境方面看，黑臭水体易使城市河流生态系统功能丧失，并造成一定区域的生态失衡，有的甚至造成长期的危害，致使生态环境难以恢复。此外，治理黑臭水体、恢复生态环境需要投入大量资金，给整个社会造成重大经济损失。从社会环境方面看，城市水体严重受污损坏了城市形象，限制了河流观光旅游的开发和周边环境升值的空间。城市黑臭水体问题积聚易引起社会混乱，引发社会纠纷，造成政府公信力下降。同时，上下游跨区域黑臭事件往往导致下游地区的经济和生态受损，上下游地区在黑臭水体治理方面因各自利益难以达成协商一致，易引发官司纠纷和冲突。

针对黑臭水体引发的严重的生态环境和社会环境问题，国务院 2015 年 4 月 2 日颁布了《水污染防治行动计划》（国发〔2015〕17 号）（以下简称“水十条”），明确指出：城市黑臭水体整治的责任主体是城市人民政府，并由住房和城乡建设部牵头，会同环境保护部、水利部、农业部等部委指导地方落实。“水十条”提出了城市黑臭水体的治理目标：2017 年年底前，地级及以上城市实现河面无大面积漂浮物，河岸无垃圾，无违法排污口，直辖市、省会城市、计划单列市建成区基本消除黑臭水体；2020 年年底前，地级以上城市建成区黑臭水体均控制在 10%以内；到 2030 年，全国城市建成区黑臭水体总体得到消除。黑臭水体的整治已经被正式列入地方政府水污染防治的主要任务。

为贯彻落实《水污染防治行动计划》，指导地方各级人民政府加快推进城市黑臭水体的整治工作，改善城市生态环境，促进城市生态文明建设，由住房和城乡建设部会同原环境保护部、水利部、原农业部组织编制了《城市黑臭水体整治工作指南》（建城〔2015〕130 号）（以下简称《指南》）。《指南》指出，应科学识别黑臭水体及其形成机理与变化特征，结合污染源、水系分布和补水来源等情况，合理制定城市黑臭水体的整治目标、总体方案和具体工作计划；综合应用控源截污、内源治理、生态修复等措施，全面消除黑臭，改善人居环境质量；多渠道科学开辟补水水源，改善水动力条件，修复水生态系统，提升水体自然净化能力，实现城市水环境持续改善；坚持政府主导，强化部门协作，明确职责分工，完善政策法规体系，鼓励多渠道融资，健全城市水体日常维护管理机制；强化全过程监管，建立水体水质监测，预警应对机制，开辟城市黑臭水体整治信息公开渠道，鼓励公众参与，接受社会监督。

为了全面掌握全国城市黑臭水体的分布情况，并对黑臭水体进行有效治理和监管，原环境保护部协同住房和城乡建设部采用地方政府统计、卫星遥感筛查和地面核查的方式对全国 36 个重点城市的黑臭水体进行了全面调查。2016 年，针对全国省会（除港、澳、台以外）及计划单列市共计 36 个重点城市，共核实确认黑臭河段 685 段，占全国地级及以上城市统计黑臭水体总数的 32.78%，环境保护部卫星环境应用中心通过高空间分辨率遥感影像对其中 677 段进行了有效空间定位和空间统计，为后续根据“水十条”考核 36 个重点城市黑臭水体整治成效提供了重要的基础数据。从 2018 年 5 月开始，生态环境部联合住房和城乡建设部组织 32 个督查组，分三个批次对 30 个省（区、市）的 70 个城市黑臭水体整治情况进行督查，新发现 18 个城市的 255 个未向国家统计的黑臭水体，经督查组核查确认已将其纳入国家黑臭水体清单。

目前，城市黑臭水体监管中，整治工作绩效和城市水质评价的工作主要依据公众调查评议材料、专业机构检测报告、工程实施影像材料、长效机制建设情况的统计和分析等方式进行。其中，对黑臭水体的识别主要通过资料收集、实地考察和野外监测的方法完成。这种实地考察和现场采样测量的方法费时费力，难以同时对整个城市水域进行同步监测。因此，将遥感技术引入城市黑臭水体监测中，充分发挥卫星遥感技术监测范围广、成本低、速度快的优势，实现城市水体整体的长时间动态监测，可以节省大量的人力、物力、财力，为监管者提供有效的监管依据，必将为改善城市生态环境、建设绿水青山提供强有力的技术支撑。事实证明，卫星遥感技术手段为黑臭水体筛查及2018年城乡黑臭水体整治专项督查提供了有效的技术支撑，将卫星遥感监测与群众举报相结合，可以进一步筛查清遗漏的黑臭水体，也可以进一步监测黑臭水体的整治效果。

1.2 高分辨率遥感在黑臭水体监管应用中的优势

1.2.1 黑臭水体的定义

所谓“黑臭”，指水体有机污染的一种极端现象（阮仁良等，2002），是由于水体缺氧、有机物腐败而造成的，已经成为我国许多大中城市共同存在的环境污染问题（于玉斌等，2010；杨阳等，2012；张建军等，2006；应鹏聪等，2005）。城市黑臭水体则是指城市建成区内呈现令人不悦的颜色和（或）散发令人不悦的气味的水体的统称[1]。其中，城市建成区是城市行政区内实际已成片开发建设、基本具备市政公用设施和公共设施的地区，其规模往往反映一个城市的城市化区域大小，标志着城市不同发展时期的建设规模，是城市建设规模在地域分布上的客观反映（引自百度百科：https：/baike.baidu.com/item/建成区/9395935？fr＝aladdin&fromid＝4290246&fromtitle＝城市建成区）。

目前，全国城市黑臭水体的基本数据来源于两个渠道：一个是地方政府统计的黑臭水体名单，又称为拟治理黑臭水体，该名单由住房和城乡建设部在全国城市黑臭水体整治监管平台公布（http：//www.hcstzz.com/）；另一个则是利用卫星遥感影像筛查出的疑似黑臭水体，是通过遥感影像目视解译提取出的黑臭水体，该类水体分布具有毗邻沿岸生活区及工厂密集区域，并且河流存在断头、水量小等特点。统计的黑臭水体名单与遥感提取的疑似黑臭水体相互验证，可提高黑臭水体的统计准确度，减少黑臭水体漏查、错查的现象，并实现黑臭水体的动态监测。

1.2.2 高分辨率遥感应用于城市黑臭水体监测的可行性

长期以来，我国环境监测主要采用基于地面布点采样的物理或化学分析测量方法进行，缺乏时空上的连续性，且费用较高。随着我国的环境保护正在由污染防治为主走向环境保护和污染防治并重的发展方向，环境监测亟须从点上监测向面上监测发展，从静态监测向动态监测发展，从定时监测向连续监测发展。卫星遥感技术的应用正符合这种发展的需要，并能够有效配合以点位构成的地面环境监测网络的建立，在宏观性、动态性、科学性方面具有明显的优势。因此，遥感技术在水环境质量以及区域性宏观生态指标调查中有很大的应用潜力，能够实现大范围、连续的环境监测，全方位地获取生态环境变化信息，其观测能力是其他常规技术所不具备的。

黑臭水体与正常河道、湖库水体在颜色、气味、所含物质等方面的不同，导致光学特征的较大差异，使利用遥感技术识别黑臭水体具备了一定的物理基础。

通常情况下，内陆富营养化水体在 550～580 nm 波段由于叶绿素 a 和胡萝卜素的弱吸收以及细胞的散射作用，有明显的反射峰；625 nm 附近由于藻蓝蛋白吸收作用明显而存在吸收谷；675 nm 附近由于叶绿素对红光的强吸收，出现明显吸收谷；700 nm 附近由于叶绿素 a 吸收作用最小而形成反射峰，该反射峰也是判定水体是否含有藻类的重要依据。对于典型的城市黑臭水体，实测光谱在 400～500 nm 波段范围内，由于叶绿素 a 在蓝紫光波段的强吸收作用，导致水体的反射率降低；黑臭河段颜色为墨绿色至黑色，叶绿素 a 含量少，叶绿素和胡萝卜素弱吸收及细胞的散射作用弱，因此在 550～580 nm 波段反射峰不明显，光谱曲线走势比较平缓；黑臭水体中藻类含量少，在 625 nm 附近藻蓝蛋白色素的吸收作用不明显，无显著吸收谷；在 675 nm 附近受限于叶绿素含量，对红光的吸收作用弱，反射谷不明显；700 nm 附近出现了一个反射峰但不明显，光谱曲线相对比较平滑。总体而言，对照普通二类水体，城市黑臭水体遥感反射率较低，在 550～700 nm 范围内虽然具有波动变化，但是峰谷不突出，整体走势较平缓。遥感技术通过分析黑臭水体与其他水体在特定波段光谱的差异对比，从可见光—近红外波段可能导致黑臭水体与其他水体产生差异的指标入手，通过这些指标与黑臭水体的指示特征，建立黑臭水体遥感识别指标，进而实现黑臭水体的识别。

此外，随着我国卫星遥感技术的迅速发展，资源三号卫星，高分一号、高分二号等国产高分辨率系列卫星相继发射，极大提升了获取高分辨率卫星数据的机会；同时，亚米及米级空间分辨率的卫星遥感数据为城市河道的精细提取、河道水质的监测和评价提供了数据保障。

1.2.3 与黑臭水体遥感监测相关的遥感概念

黑臭水体遥感监测涉及的遥感概念主要包括遥感反射率、DN 值、地表反射率、表观反射率、生物光学模型、辐射校正、辐射定标、大气校正、影像融合等。

遥感反射率：在水体光学遥感中，遥感反射率是刚好在水表面以上的离水辐亮度 L_w（λ）与下行辐照度 E_S（λ）的比值，一般用符号 R_{rs}（θ，φ，λ）表示，或者简化为 R_{rs}（λ），它是目前水体光学遥感中最常使用的水体表观光学量之一[2]，如式（1-1）所示：

$$R_{rs}(\lambda)=\frac{L_w(\lambda)}{E_S(\lambda)} \tag{1-1}$$

DN 值：遥感影像的像元亮度值，用灰度值表示，是一个整数值，量纲为一，数值大小与传感器的辐射分辨率、地物发射率、大气透过率和散射率等相关。

地表反射率：地面反射辐射量与入射辐射量之比，表征地面对太阳辐射的吸收和反射能力，反射率越大，地面吸收太阳辐射越少；反射率越小，地面吸收太阳辐射越多。

表观反射率：大气层顶的反射率，其值等于地表反射率与大气反射率之和。

生物光学模型：水体辐射传输模型的简化形式，是刚好在水表面以下的辐照度比与吸收系数和后向散射系数的关系模型，是连接水体表观光学量和固有光学量的桥梁。

辐射校正：一切与辐射相关的误差的校正，其目的是消除误差，得到真实反射辐射的数据，误差来源主要受到传感器本身、大气、太阳高度角、地形等因素的影响，包括辐射定标、大气校正。

辐射定标：将图像的数字量化值（DN）转化为辐射亮度值、反射率或表面温度等物理量的处理过程。辐射定标的目的是消除传感器本身的误差，确定传感器入口处的准确辐射值，方法主要有实验室定标、机上/星上定标、场地定标。

大气校正：将表观辐射亮度或反射率转换为地表实际反射率，其目的是消除大气散射、吸收、反射引起的误差。目前，遥感图像的大气校正方法多样，按照校正后的结果可以分为两种，即绝对大气校正和相对大气校正。

影像融合：将在空间、时间、波谱上冗余或互补的多源遥感数据按照一定的规则（或算法）进行运算处理，获得比任何单一数据更精确、更丰富的信息，生成具有新的空间、波谱、时间特征的合成影像数据。影像通过融合既可以提高多光谱影像的空间分辨率，又可以保留其多光谱特性。

1.3 城市黑臭水体遥感常用的高分辨率传感器简介

1.3.1 星载国产高分辨率卫星系列

星载国产系列高分辨率遥感卫星主要包括国家发射的民用遥感卫星和地方政府及企业发射的商用遥感卫星。民用遥感卫星包括高分一号、高分二号、资源三号系列卫星；商用遥感卫星包括北京二号、吉林一号、高景一号、珠海一号等卫星。

1.3.1.1 高分一号卫星

高分一号 01 卫星是我国高分辨率对地观测系统重大专项中的首发星[3]，于 2013 年 4 月 26 日 12:13 在酒泉卫星发射中心成功发射，2018 年 3 月 31 日 11:22，高分一号 02 卫星、03 卫星、04 卫星以一箭三星方式搭载于长征四号丙运载火箭，由太原卫星发射中心发射成功。01 卫星装载一台 2 m 分辨率全色相机、一台 8 m 分辨率多光谱相机和四台 16 m 分辨率多光谱相机，02 卫星、03 卫星、04 卫星分别装载一台 2 m 分辨率全色相机和一台 8 m 分辨率多光谱相机，卫星运行状态如图 1-1 所示（引自《高分一号卫星的技术特点》），相关参数统计见表 1-1。

图 1-1 高分一号卫星飞行状态

表 1-1 高分一号卫星相关参数统计

<table>
<tr><th>载荷</th><th>谱段</th><th>光谱范围/μm</th><th>空间分辨率/m</th><th>幅宽/km</th><th>侧摆能力/(°)</th><th>重访时间/d</th></tr>
<tr><td>全色相机</td><td>1</td><td>0.45～0.90</td><td>2</td><td rowspan="5">60</td><td rowspan="6">±35</td><td rowspan="5">4</td></tr>
<tr><td rowspan="4">多光谱相机</td><td>2</td><td>0.45～0.52</td><td rowspan="4">8</td></tr>
<tr><td>3</td><td>0.52～0.59</td></tr>
<tr><td>4</td><td>0.63～0.69</td></tr>
<tr><td>5</td><td>0.77～0.89</td></tr>
<tr><td>宽幅相机</td><td>6</td><td>0.45～0.52</td><td>16</td><td>800</td><td>2</td></tr>
</table>

1.3.1.2 高分二号卫星

高分二号卫星是我国研制的首颗突破亚米级分辨率的遥感卫星，于 2014 年 8 月 19 日在太原卫星发射中心成功发射入轨。卫星装载一台 1 m 全色相机和一台 4 m 多光谱相机[4]，卫星运行状态如图 1-2 所示（引自《高分二号卫星的技术特点》），相关参数统计见表 1-2。

图 1-2 高分二号卫星飞行状态

表 1-2 高分二号卫星相关参数统计

<table>
<tr><th>荷载</th><th>谱段</th><th>光谱范围/μm</th><th>空间分辨率/m</th><th>幅宽/km</th><th>侧摆能力/（°）</th><th>重访时间/d</th></tr>
<tr><td>全色相机</td><td>1</td><td>0.45～0.90</td><td>1</td><td rowspan="5">45</td><td rowspan="5">±35</td><td rowspan="5">5</td></tr>
<tr><td rowspan="4">多光谱相机</td><td>2</td><td>0.45～0.52</td><td rowspan="4">4</td></tr>
<tr><td>3</td><td>0.52～0.59</td></tr>
<tr><td>4</td><td>0.63～0.69</td></tr>
<tr><td>5</td><td>0.77～0.89</td></tr>
</table>

1.3.1.3 资源三号系列卫星

（1）资源三号卫星

资源三号（ZY-3）卫星于2012年1月9日成功发射，是我国自行研制的民用高分辨率光学传输型立体测绘卫星，集测绘和资源调查功能于一体，可开展国土资源调查与监测。卫星搭载前、后、正视三线阵相机和多光谱相机[5]，运行状态如图1-3所示（引自《资源三号卫星遥感影像高精度几何处理关键技术与测图效能评价方法》），相关参数统计见表1-3。

图1-3 资源三号卫星运行状态

表1-3 资源三号卫星相关参数统计

荷载	谱段	光谱范围/μm	空间分辨率/m	幅宽/km	侧摆能力/（°）	重访时间/d
前视相机	1	0.50～0.80	3.5	52	±32	5
后视相机	2	0.50～0.80	3.5	52		
正视相机	3	0.50～0.80	2.1	51		
多光谱相机	4	0.45～0.52	6	51		
	5	0.52～0.59				
	6	0.63～0.69				
	7	0.77～0.89				

（2）资源三号02卫星

2016年5月30日，资源三号02卫星成功发射，实现了我国自主民用立体测绘双星组网运行，可长期、稳定、快速地获取覆盖全国乃至全球的高分辨率立体影像和多光谱影像。与资源三号卫星相比，资源三号 02 卫星前后视立体影像分辨率由 3.5 m 提升到 2.5 m，实现了 2 m 分辨率级别的三线阵立体影像高精度获取能力。资源三号 02 卫星的结构组成和运行状态与资源三号卫星相同，相关参数统计如表 1-4 所示。

表 1-4　资源三号 02 卫星相关参数统计

荷载	谱段	光谱范围/μm	空间分辨率/m	幅宽/km	侧摆能力/（°）	重访时间/d
多光谱相机	1	0.51～0.85	5	60	±32	3
	2	0.52～0.59	10			
	3	0.63～0.69	10			
	4	0.77～0.89	10			
HR 相机	5	0.50～0.80	2.36	单台：27 两台：54	±25	3

1.3.1.4　北京二号卫星

北京二号卫星星座是我国首次采取国际合作、自主研发与集成创新相结合的方式研究建设的高分辨率遥感卫星星座，于北京时间 2015 年 7 月 11 日成功发射，搭载 VHRI-100 成像仪，提供多景成像、条带成像、沿轨立体成像、跨轨立体成像和区域成像五种成像模式，卫星运行状态如图 1-4 所示（引自网络），相关参数统计见表 1-5。

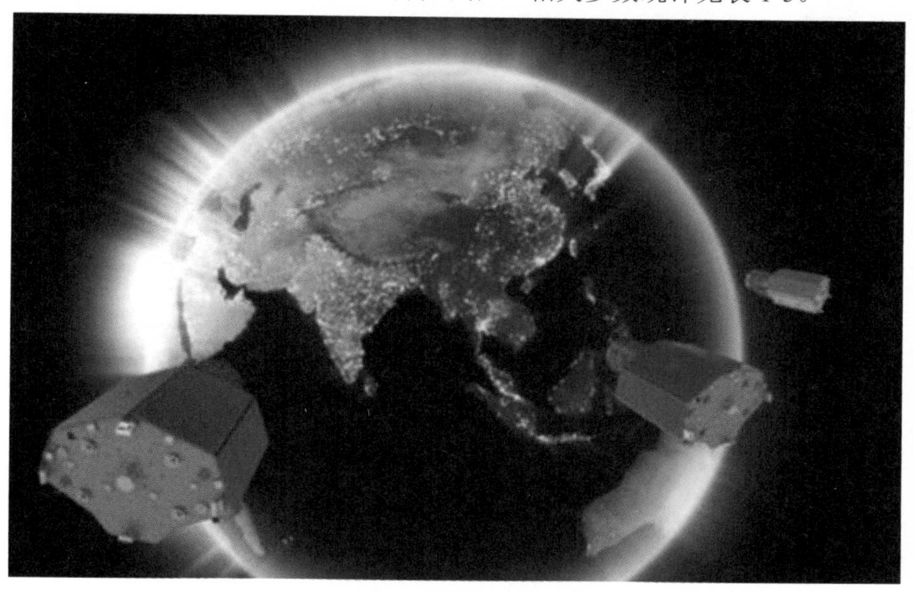

图 1-4　北京二号卫星运行状态

表 1-5 北京二号卫星相关参数统计

<table>
<tr><th>荷载</th><th>谱段</th><th>光谱范围/μm</th><th>空间分辨率/m</th><th>幅宽/km</th><th>侧摆能力/（°）</th><th>重访时间/d</th></tr>
<tr><td>全色相机</td><td>1</td><td>0.45～0.65</td><td>0.8</td><td rowspan="5">24</td><td rowspan="5">±45</td><td rowspan="5">1～2</td></tr>
<tr><td rowspan="4">多光谱相机</td><td>2</td><td>0.45～0.51</td><td rowspan="4">3.2</td></tr>
<tr><td>3</td><td>0.51～0.59</td></tr>
<tr><td>4</td><td>0.60～0.67</td></tr>
<tr><td>5</td><td>0.76～0.91</td></tr>
</table>

1.3.1.5 吉林一号卫星

吉林一号卫星是我国第一套自主研发的商用遥感卫星，卫星工程由 60 颗卫星组成，其中 01 卫星、02 卫星于 2015 年 10 月 7 日发射成功（引自百度百科），包括一颗光学遥感卫星、两颗视频卫星和一颗技术验证卫星[6]。03 卫星于 2017 年 1 月 9 日成功发射，04 卫星、05 卫星、06 卫星于 2017 年 11 月 21 日发射成功，07 卫星、08 卫星又分别称“德清一号”“林业二号”卫星，于 2018 年 1 月 19 日成功发射。其中，吉林一号视频卫星单次拍摄视频时长可达 90 s，帧率为 25 帧/s，吉林一号光学 A 卫星空间分辨率可达 0.72 m。吉林一号卫星如图 1-5 所示（引自网络），光学 A 卫星相关参数统计见表 1-6[7]。

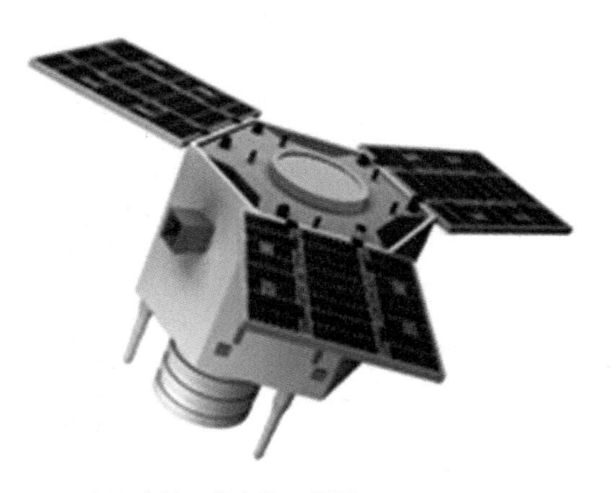

（a）吉林一号光学 A 卫星

（b）吉林一号 07 卫星、08 卫星

图 1-5 吉林一号卫星

表 1-6 吉林一号光学 A 卫星相关参数统计

荷载	谱段	光谱范围/μm	空间分辨率/m	幅宽/km	侧摆能力/（°）	重访时间/d
全色相机	1	0.61～0.79	0.72	11.6	±45	3.3
多光谱相机	2	0.46～0.53	2.88			
	3	0.54～0.60				
	4	0.63～0.69				

1.3.1.6 高景一号卫星

高景一号卫星是我国第一个自主研制的分辨率高达 0.5 m 的商业遥感卫星星座，其中，高景一号 01 卫星、02 卫星于 2016 年 12 月 28 日发射成功，03 卫星、04 卫星于 2018 年 1 月 9 日发射成功，四颗卫星以 90°夹角在同一轨道运行，组成星座。高景一号卫星如图 1-6 所示（引自网络），相关参数统计见表 1-7。

图 1-6 高景一号卫星

表 1-7 高景一号卫星相关参数统计

荷载	谱段	光谱范围/μm	空间分辨率/m	幅宽/km	侧摆能力/（°）	重访时间/d
全色相机	1	0.45～0.89	0.5	12	±45	1
多光谱相机	2	0.45～0.52	2.0			
	3	0.52～0.59				
	4	0.63～0.69				
	5	0.77～0.89				

1.3.1.7 珠海一号卫星

珠海一号卫星是我国第一颗由民营上市企业投资并运营的高时空分辨率遥感微纳卫星，由 34 颗视频卫星、高光谱卫星以及雷达卫星组成，第一期 18 颗卫星于 2017—2019 年发射运营，第二期 16 颗卫星将于 2020—2021 年陆续发射运营。珠海一号卫星如图 1-7 所示（引自网络），相关参数统计见表 1-8。

（a）视频微纳卫星

（b）高光谱微纳卫星

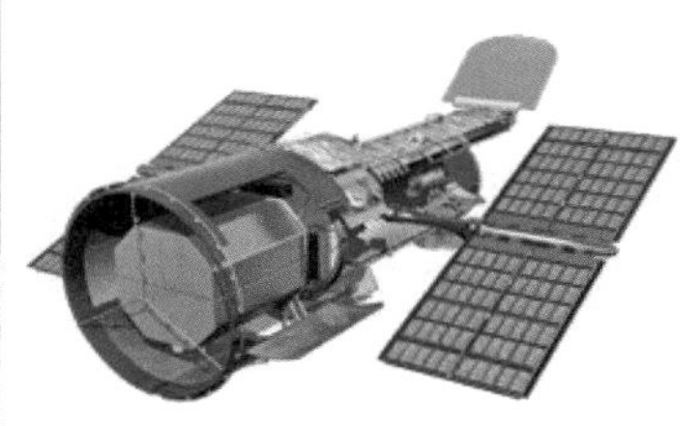

（c）SAR 微纳卫星

图 1-7 珠海一号卫星

表 1-8 珠海一号卫星相关参数统计

荷载	谱段	光谱范围/μm	空间分辨率/m	幅宽/km	侧摆能力/（°）	重访时间/d
全色相机	1	0.45～0.80	0.5			
多光谱相机	2	0.45～0.52	2.0			
	3	0.52～0.60				
	4	0.63～0.69				

1.3.2 星载国外高分辨率卫星系列

1.3.2.1 WorldView 系列

（1）WorldView-1 卫星

WorldView-1 卫星是第一颗植入了控制力矩陀螺技术的商业遥感卫星，于 2007 年 9 月 18 日发射成功，星载大容量全色成像系统，每天能够拍摄 50 万 km^2 的 0.5 m 分辨率图像。卫星如图 1-8 所示（引自网络），相关参数统计如表 1-9 所示。

图 1-8 WorldView-1 卫星

表 1-9 WorldView-1 卫星相关参数统计

荷载	光谱范围/μm	空间分辨率/m	幅宽/km	侧摆能力/（°）	重访时间/d
全色相机	0.400～0.900	0.45	17.6	±40	1.7

（2）WorldView-2 卫星

WordView-2 卫星于 2009 年 10 月 6 日发射升空，是世界上第一颗具有八波段的高分辨率商业遥感卫星，卫星结构及运行状态与 WordView-1 卫星相同，相关参数统计见表 1-10。

表 1-10 WorldView-2 卫星相关参数统计

<table>
<tr><th>荷载</th><th>谱段</th><th>光谱范围/μm</th><th>空间分辨率/m</th><th>幅宽/km</th><th>侧摆能力/（°）</th><th>重访时间/d</th></tr>
<tr><td>全色波段</td><td>1</td><td>0.45～1.04</td><td>0.5</td><td rowspan="9">17.6</td><td rowspan="9">±40</td><td rowspan="9">1.7</td></tr>
<tr><td rowspan="8">多光谱</td><td>2</td><td>0.45～0.51</td><td rowspan="8">1.8</td></tr>
<tr><td>3</td><td>0.51～0.58</td></tr>
<tr><td>4</td><td>0.63～0.69</td></tr>
<tr><td>5</td><td>0.77～0.895</td></tr>
<tr><td>6</td><td>0.585～0.625</td></tr>
<tr><td>7</td><td>0.400～0.450</td></tr>
<tr><td>8</td><td>0.705～0.745</td></tr>
<tr><td>9</td><td>0.860～1.040</td></tr>
</table>

（3）Worldview-3 卫星

Worldview-3 卫星于 2014 年 8 月 13 日成功发射并正式运行，是首次使用了 CAVIS 波段的高分辨率商业遥感卫星，影像空间分辨率成功突破了 0.5 m，达到了 0.31 m，卫星结构和运行状态与 WordView-1 卫星相同，相关参数统计见表 1-11。

表 1-11 WorldView-3 卫星相关参数统计

荷载	谱段号	光谱范围/μm	空间分辨率/m	幅宽/km	重访时间/d
全色波段	1	0.45～1.04	0.31	13.1	1
多光谱	2	0.45～0.51	1.24		
	3	0.51～0.58			
	4	0.63～0.69			
	5	0.77～0.89			
	6	0.40～0.45			
	7	0.58～0.62			
	8	0.70～0.74			
	9	0.86～1.04			
	10	1.19～2.36	3.7		
CAVIS 波段	11	0.405～0.420	30		
	12	0.459～0.509			
	13	0.525～0.585			
	14	0.62～0.67			
	15	0.845～0.885			
	16	0.897～0.927			
	17	0.930～0.965			
	18	1.22～1.252			
	19	1.35～1.41			
	20	1.62～1.68			
	21	2.105～2.245			
	22	2.105～2.245			

1.3.2.2 QuickBird 卫星

QuickBird 卫星于 2001 年 10 月由美国 DigitalGlobe 公司发射，具有较高的地理定位精度和海量星上存储能力，每年能采集 7 500 万 km^2 的卫星影像数据，卫星运行状态如图 1-9 所示（引自网络），相关参数统计见表 1-12。

图 1-9 QuickBird 卫星运行状态

表 1-12 QuickBird 卫星相关参数统计

荷载	谱段	波段/μm	空间分辨率/m	幅宽/km	重访时间/d
全色波段	1	0.405～1.053	0.61	18	2.5～6（取决于纬度高低）
多光谱	2	0.430～0.545	2.44		
	3	0.466～0.620			
	4	0.590～0.710			
	5	0.715～0.918			

1.3.2.3 PLANET 卫星

PLANET 卫星星座为超高频时间分辨率遥感卫星，其遥感影像可每天覆盖全球一遍，空间分辨率为 3 m，卫星成像设备已经发射了三代，分别为 PlanetScope0（PS0）、PlanetScope1（PS1）、PlanetScope2（PS2），且卫星在不同高度的成像分辨率及幅宽不同。卫星结构如图 1-10 所示（引自网络），相关参数统计见表 1-13。

图 1-10 PLANET 卫星

表 1-13 PLANET 卫星相关参数统计

<table>
<tr><th rowspan="2">仪器</th><th rowspan="2">波段/μm</th><th colspan="3">幅宽和空间分辨率</th></tr>
<tr><th>轨道高度 620 km</th><th>轨道高度 475 km</th><th>轨道高度 420 km</th></tr>
<tr><td>PS0/PS1</td><td rowspan="2">红 = 0.630～0.714
绿 = 0.515～0.610
蓝 = 0.424～0.478</td><td>幅宽 16.1 km×10.7 km
分辨率 4 m</td><td>仪器不在此高度飞行</td><td>幅宽 10.9 km×7.3 km
分辨率 2.7 m</td></tr>
<tr><td>PS2</td><td>仪器不在此高度飞行</td><td>幅宽 24.6 km×16.4 km
分辨率 3.73 m</td><td>幅宽 21.8 km×14.5 km
分辨率 3.3 m</td></tr>
</table>

1.3.2.4 SPOT-5 卫星

SPOT-5 卫星于 2002 年 5 月 4 日发射，载有两台高分辨率几何成像装置（HRG）、一台高分辨率立体成像装置（HRS）、一台宽视域植被探测仪（VGT）等，空间分辨率最高可达 2.5 m。卫星运行状态如图 1-11 所示（引自网络），相关参数统计见表 1-14。

图 1-11 SPOT-5 卫星运行状态

表 1-14 SPOT-5 卫星相关参数统计

荷载	谱段	光谱范围/μm	空间分辨率/m	幅宽/km	重访时间/d
全色	1	0.510～0.730	2.5	60	26
多光谱	2	0.500～0.590	10		
	3	0.610～0.680	10		
	4	0.790～0.890	10		
	5	1.580～1.750	20		

1.3.3 机载高分辨率遥感数据

机载遥感技术是在高空飞机平台上运用各种传感器（如摄影仪、扫描仪和雷达等）获取地表信息，通过数据的传输和处理实现观测地面物体的形状、大小、位置、性质及其环境的相互关系的一种综合性技术（引自百度百科）。与星载遥感平台相比，机载遥感平台相机高度有所降低，分辨率也往往更高。

机载遥感总体造价低于星载遥感，其传感器主要有摄影仪、扫描仪、雷达、面阵CCD数字相机、多光谱摄影机、辐射计等。机载遥感分为有人驾驶机载遥感与无人驾驶机载遥感两种形式。其中，有人驾驶机载遥感往往机型较大，对飞行员驾驶技术的要求极高，对起飞场地也有较高的要求；无人驾驶机载遥感又称无人机遥感，因其飞行难度低、起降场地限制小等优点已成为各国争相研究的热点课题，无人机遥感系统组成如图 1-12（引自《无人机遥感系统的研究进展与应用前景》）、图 1-13[8]所示（引自网络）。

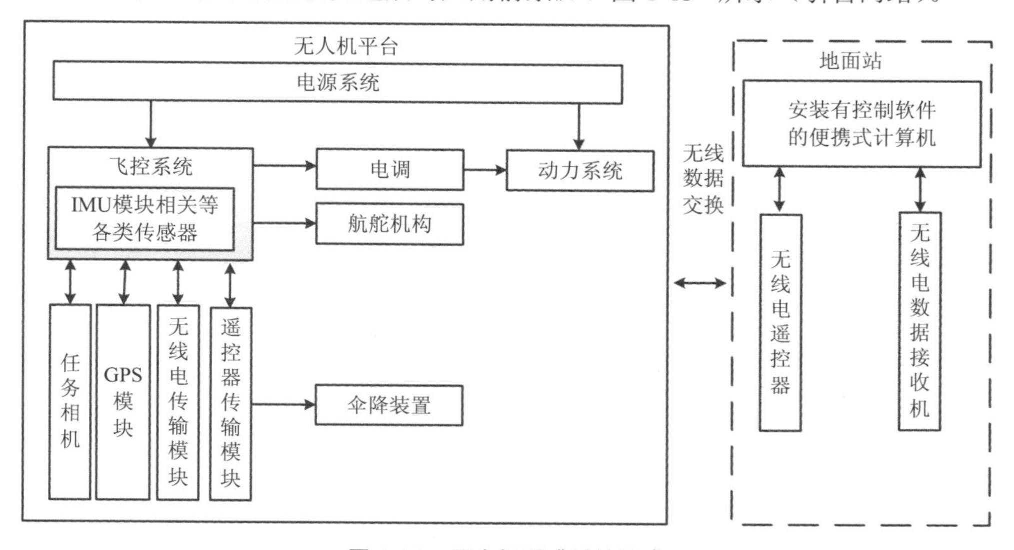

图 1-12 无人机遥感系统组成

图 1-13 无人机遥感

1.3.4 未来的高分辨率传感器

高空间分辨率和高光谱分辨率、静止卫星等一起成为遥感器未来的几个主流发展方向。作为主流方向之一，高空间分辨率（简称高分辨率）卫星和传感器呈现出以下几个主要的发展趋势。

趋势一：近地轨道建立由多颗卫星组网的互联网卫星网络。由于高空间分辨率遥感影像往往具有 10 m 以内的分辨率（星下点拍摄），因此不如中低分辨率遥感影像覆盖的空间范围大。为了加大高空间分辨率传感器的观测频次，目前大多数卫星的解决方案是发射多颗较低轨道高度的卫星组成观测网络，从而实现短短几天内覆盖地球表面一次。目前美国的 PS 小卫星星座现有在轨卫星共 132 颗，是全球最大的卫星星座，新发射的 88 颗卫星在稳定传输后可实现每天监测全球一次。OneWeb 公司计划向太空发射数百颗甚至上千颗卫星，组成一个覆盖全球的互联网卫星网络。SpaceX 公司也想效仿 OneWeb 建立一个名为 Starlink 的互联网卫星网络，该网络能够用于地球观测和遥感业务。中国的珠海一号、吉林一号等高分辨率卫星未来都将会实现组网的卫星星座，能够多频次覆盖全球。

趋势二：卫星的超清和实时视频观测。视频卫星是一种新型的对地观测卫星，它的“凝视”观测方式可以捕捉到更多的地表动态信息。中国的吉林一号获取的 4K 超清视频，分辨率是 1.12 m。目前吉林一号系列已经陆续发射了 01～06 共 6 颗视频卫星，该工程将由 60 颗卫星组成。美国的卫星视频创企 EarthNow 提出让地球成为“全宇宙网红主播”，它的目标是希望借助一组卫星连续发送显示地球状态的实时图像，让人类能够实时并且不进行任何过滤地看到地球的真实状况。EarthNow 所提出的这项发送全球实时画面或视频的计划要比早前 Planet、BlackSky、Earth-i 和 Planetary Resources 等公司提供的近实时卫星图像服务更具雄心。

趋势三：将高分辨率遥感应用于很多之前低分辨率遥感无法应用的领域，不再局限于传统的地图、地物分类等，而是应用于如监控海洋非法捕鱼活动和环境污染违法活动、实时观测全球范围内的灾难频发区等领域。采用的技术手段将更侧重于海量数据的深度学习和人工智能，从而利用高分辨率影像和视频数据解决更多的实际问题，或者发现带有地理空间信息的某些规律，最终将实现面向政府、企业提供实时视频以及智能视觉服务，面向公众提供视频应用程序，以方便用户在平板电脑和移动设备上使用。

1.4 国内外主要研究进展

1.4.1 城市黑臭水体形成原因及常规监测方法

水体黑臭有多方面的原因，其形成又是多方面的因素相互作用的结果。研究表明，水体中大量的有机污染物、无机污染物以及内源底泥是导致水体产生黑臭的主要原因。大量有机污染物进行生化反应会产生臭味。Lazaro（1979）提出水体黑臭是水体中的有机物被厌氧分解而产生的一种生物化学现象，徐风琴等（2003）认为当水体中有大量有机污染物时，在适合的水温下都将受到好氧放线菌或厌氧微生物的降解，排放出不同种类的发臭物质（主要为难溶于水的有臭气体，如硫化氢、胺、氨等），从而引起水体不同程度的臭味。国外学者 Romano（1963）指出表征水体臭味的指示物质是 2-MIB 冰片烷醇类和乔司眯 geosmin（萘烷醇类），它们是由放线菌产生的，乔司眯的含量可以定量描述水体黑臭的程度。无机污染物主要起到致黑作用，其主要致黑成分为易被氧化的硫化亚铁（FeS）和硫化锰（MnS）。罗纪旦（1987）认为河流黑臭与存在的腐殖质有关，FeS 是水体黑臭的主要致黑物质。应太林等（1997）指出，水体发黑的原因主要是水体吸附了带负电胶体的悬浮颗粒，而水体发臭的主要原因是含氮、硫等有机物降解后逸出了水面。除了外部的生活污染和工业废水导致水体产生有机污染和无机污染，水体内源的底泥也可能会产生黑臭，袁文权等（2001）指出底泥厌氧发酵产生甲院及氮气，气泡扰动导致底泥上浮是水体黑臭的直接原因。另外，水体温度升高影响微生物活性，进一步影响溶解氧导致水体不同程度的黑臭（Wood 等，1983；刘富强等，1994）。

目前，我国对黑臭水体的识别主要通过资料收集、实地考察和野外监测的方法完成，同时结合一些指标，如臭阈值（TO）和色度测定色阈值（CH）、溶解氧（DO）、化学需氧量（COD_{Cr} 或 COD_{Mn}）、五日生化需氧量（BOD_5）、氨氮（NH_3-N）等有机污染物指标，以及水温、pH 值、硫酸还原菌数、总磷等水质指标，并在此基础上构建了黑臭指数（I）和有机污染指标（A 值）等综合指标，用来评价地面黑臭水体的黑臭程度（洪陵成，1993；蒋火华等，1999；徐祖信，2005；尹海龙等，2008；郝晓明等，2011）。国内针对地面综合水质指标识别黑臭和定量描述黑臭程度的研究也较多。唐秀云（2003）研究发现水体中 DO＜2.0 mg/L、3≤COD≤5 mg/L、BOD_5≤6 mg/L 时会出现黑臭现象。胡国臣等（1999）提出了水体黑臭与否的临界指标：CH（水体黑度）＝21.5，DO＝1.8 mg/L，N（还原 SO_4^{2-}产 H_2S 的细菌数）＝2 000 个/mL，BOD_5＝14 mg/L。对海河二道闸以下河段的监测和观察证明，在 COD_{Mn}＜20 mg/L、BOD_5＜20 mg/L、SS（悬浮物）＜20 mg/L 的情况下，水体不会产生黑臭现象（王德荣等，1991）。黑臭指数这一概念是由上海自来水公司提出的，用于反映水体的黑臭程度，当指数≥5 时，水体即处于黑臭状态（骆梦文，1986；应太林等，1997）。在苏州利用有机污染指标 A 值为 2～3 表明黑臭开始出现，A 值为 3～4 表示水体处于黑臭状态，A 值＞4 表示水体处于严重黑臭状态（阮仁良等，2002）。由于地区差异较大、周边环境情况不尽相同，因此单因子指标不能代表地区整体的水质情况，综合水质标识指数可以完整表达河流总体的综合水质信息，其特点是既能定性评价，也能定量评价。研究发现，溶解氧、高锰酸盐指数、五日生化需氧量、氨氮、总磷这五项指标的单因子水质标识指数的算术平均值（按四舍五入的原则取小数点后一位）为 7.0 时，可将其作为水体黑臭的临界标识指数（徐祖信，2005）。在相同地区利用不同评价标准其结果不同，不同地区更是千差万别。总之，目前国内外水体黑臭评价中选用频率最高的地面指标是溶解氧、氨氮、化学需氧量和生化需氧量等指标（程江，2006）。

1.4.2 城市水体水质遥感监测主要进展

1.4.2.1 水质遥感监测国内外进展

遥感技术以其实时、高效、数据量大、观测范围广的优点能迅速、同步地监测大范围水环境质量状况及其动态变化，提高了水环境研究的区域性、动态性和同步性，弥补了常规监测手段的不足。水环境遥感监测的主要任务是通过对遥感影像的分析，获得水体的分布以及水体中泥沙、有机质、化学污染等状况。随着多传感器、多光谱遥感的发展应用，遥感在河流湖泊动态监测、流域水环境监测、饮用水水源地监测、城市黑臭水体监测等方面发挥着越来越大的作用。

利用卫星遥感技术在短时间内获取整个区域面上的水体及陆地信息能够更全面地反映水环境状况。水质监测是水质评价与水污染防治的主要依据，随着水体污染问题的日渐严重，水质监测成为社会经济可持续发展必须解决的重大问题，一直以来都是行业部门研究的重点，尤其是内陆水体，其水质影响到国民生产和人们生活的用水质量，准确、快捷的水质监测显得尤为重要。水质遥感监测方法具有监测范围广、速度快、成本低和便于进行长期动态监测的特殊优势，在内陆水体水质监测中具有巨大的应用潜力。

近年来，我国的环境卫星系列、高分卫星系列等卫星已陆续发射上天，为水环境遥感监测提供了大量有效廉价的数据源，改变了以往大量依赖国际上的高空间分辨率商业遥感数据（如 QuickBird 和 WorldView）的状况，降低了城市水体水质遥感监测业务化运行的成本，而无人机技术的发展与应用普及则为城市窄小河道、突发事件的水质监测提供了高效、灵活和客观的技术手段。遥感技术具有信息客观、观测范围广、获取信息快、更新周期短并且可以进行历史对比等特点，可以为获取区域水生态环境保护情况提供可靠、有效、准确的信息源。其中，叶绿素 a、浮游植物、总悬浮物、透明度、浑浊度、泥沙含量、热污染、油污染、水温、有色可溶性有机物（CDOM）、蓝藻水华等参数可通过遥感信息直接反演，DO（溶解氧）、COD_{Mn}（高锰酸盐指数）、BOD_5（五日生化需氧量）、TN（总氮）、TP（总磷）、溶解性总有机碳等参数通常可通过其与叶绿素浓度、悬浮物浓度等的相关关系间接进行反演。此外，对综合水质状态的评估主要利用富营养化指数、黑臭化程度指数等进行评价。

1.4.2.2 色度提取方法

19 世纪 80 年代末，瑞士的湖泊学家 Francoise-Alphonse Forel 在非计量的分类方法中首次用水色定义水团物质。水色直接与水中溶解物质和悬浮物质的浓度、光学特性及这些物质对传感器接收到的上行散射辐照度有关，其中浮游植物、非藻类颗粒、有色可溶有机物（CDOM）和水体本身通常占主导。一般而言，在可见光短波长处，CDOM 的强吸收可减少上行辐照度，增加总衰减。浮游植物也会导致水色发生显著变化，会增加总吸收和后向散射。由于色度是水体中组分及其浓度变化的直观表现，因此色度也被用来表征水质状况。

通常人们看到的水体色彩差异表征了水下光学条件的变化，这些变化与水体中的光学组分，如浮游植物、非藻类颗粒物和 CDOM 等具有密切的关联。因此，通过色度指标的计算，可以实现水质评价。然而，由于光学条件的复杂性，浮游植物、非藻类颗粒物和 CDOM 可能出现光谱重叠，导致城市黑臭水体表现出的光学特性和水色间的潜在定量关系仍不是很明确。对于不同的水体，需要确定不同的指标阈值。

人眼接收到的水体颜色可以由国际照明委员会（CIE）定量描述，实现辐射亮度值在色度坐标系上的转化。2006 年 Dierssen 指出，在可见光波段（400～700 nm），CIE 色彩成分（X、Y 和 Z）可以由离水辐亮度（L_{w}）得到。

$$X = K_{\mathrm{m}} \int_{400}^{700} L_{\mathrm{w}}(\lambda)\bar{x}(\lambda)\mathrm{d}\lambda \tag{1-2}$$

$$Y = K_{\mathrm{m}} \int_{400}^{700} L_{\mathrm{w}}(\lambda)\bar{y}(\lambda)\mathrm{d}\lambda \tag{1-3}$$

$$Z = K_{\mathrm{m}} \int_{400}^{700} L_{\mathrm{w}}(\lambda)\bar{z}(\lambda)\mathrm{d}\lambda \tag{1-4}$$

在进行色度空间转换的时候，转换系数 K_{m} 有时候可以省略，简写如下：

$$(x, y) = \left(\frac{X}{X+Y+Z}, \frac{Y}{X+Y+Z}\right) \tag{1-5}$$

在进行计算机视觉的 RGB 色彩空间转化的时候，K_{m} 往往不能省略且和发光度 Y 有关，具体计算方式如下：

$$K_{\mathrm{m}} = \frac{0.4}{\int_{400}^{700} L_{\mathrm{w}}(\lambda)\bar{y}(\lambda)\mathrm{d}\lambda} \tag{1-6}$$

经验系数 0.4 源于 RGB 亮度值的中值，且充分模拟了海水的颜色，在实际应用中可能需要根据实际情况重新确定。

基于色度坐标和标准计算机显示器的空白对照矩阵可以变换到 RGB 模型。

$$\begin{bmatrix} \mathrm{R} \\ \mathrm{G} \\ \mathrm{B} \end{bmatrix} = \begin{bmatrix} 3.240479 & -1.537150 & -0.498535 \\ -0.969256 & 1.875992 & 0.041556 \\ 0.055648 & -0.204043 & 1.057311 \end{bmatrix} \times \begin{bmatrix} X \\ Y \\ Z \end{bmatrix} \tag{1-7}$$

得到的 RGB 结果范围在 0～1，代表了计算机显示器上显示的特定颜色中每个原色所占的比例，计算结果小于 0 的值重置为 0，大于 1 的值重置为 1，假设没有太阳耀斑和镜面反射。

1.4.3 城市黑臭水体遥感监测进展

由于城市河道水面通常低于路面，且设有护栏，因此常规的地面采样监测不易采集河道中心水质信息，难以全面划定黑臭水体分布范围，增加了监测难度。遥感技术以其宏观、大面积同步观测和持续观测的特点，为城市水体的监测提供了一种新的技术手段。目前，国内已有一些学者结合遥感方法对黑臭水体的识别进行了研究。申茜等（2017）总结了黑臭水体遥感监测与筛查迫切需要解决的问题，提出了研究思路[9]。曹红业（2017）对典型城市黑臭水体的固有光学量、表观光学量和水质参数特性进行了研究，将黑臭水体按照光谱特征细分为多个类别，提出基于遥感反射率的饱和度法和光谱指数法来识别黑臭水体。温爽等（2018）分析了黑臭水体的光谱特征，构建多种方法，利用高分二号遥感影像对南京市黑臭水体进行了识别。王昉等（2013）利用经验方法，建立了基于TM 多光谱影像的北京城区水体悬浮物定量反演模型。万风年等（2013）建立 ETM+遥感影像的可见光波段及其组合与电导率（EC）、氨氮（NH_3-N）等水质参数的回归方程，模型精度较高，较好地模拟了浙江温瑞塘河水质参数空间分布情况。姚俊等（2003）解译了苏州河三个不同时相的彩红外遥感影像和热红外遥感影像信息，分析了苏州河水体污染的状况和历史原因。马跃良等（2003）利用 TM 影像数据对珠江广州河段水环境质量中的水质污染进行监测应用研究，并建立了水质污染预测遥感模型。徐金鸿等（2007）介绍了遥感技术在水体悬浮物浓度、油污染、城市污水、水体富营养化等监测方面的应用。杨增丽等（2015）从遥感技术入手，以河道水质情况为依据，将水质参数和 ETM+影像数据进行建模分析，快速检测水体水质变化情况。王云鹏等（2001）针对珠江广州河段 TM 遥感数据进行波段组合、对数变换、HIS 变换和 KL 变换，再进行密度分割及图像分类，更好地区分和识别水体污染；并且利用遥感数据处理，结合流域水污染的变化趋势和污染源研究，利用 GIS 技术建立了流域的污染预警系统。刘瑛（2008）对遥感影像信息进行增强处理，采用线性回归和因子分析等方法，建立水质参数和 TM 遥感影像信息之间的模型，对绍兴地区水污染监测的效果较好。汪小钦（2002）通过分析 TM 影像上不同水质水体的视反射率特征，通过波段比值算法，得到小清河口的水污染分布。程博（2007）对水污染区进行光谱测量，分析污染水体的光谱曲线特征，结合 ASTER 卫星数据波段特性，基于三原色设计假彩色合成方案，分析识别水体污染类型和污染程度，并提供了科学的水体污染波谱曲线。随着高分遥感技术的发展，大量的城市高空间分辨率遥感数据为城市黑臭水体的遥感监测提供了新的更加有效的数据源，同样为其模型方法的研究提供了数据支持。

由于城市黑臭水体光学机理复杂，不能用单一水质参数来评价水体状态，通常选取几种重要的水质参数进行综合评价，包括水体透明度、藻类叶绿素 a 含量以及总磷、总氮、氨氮浓度等，并将其转换成黑臭指数，对城市水体黑臭化进行数值分级评价。此外，随着无人机高光谱遥感数据的应用，可表征黑臭化典型光谱特征等指标的遥感监测也在陆续开展。

1.5 遥感监测黑臭水体的总体技术框架

城市黑臭水体遥感监测体系主要包括建成区提取、城市水域边界提取、黑臭水体遥感筛查、实地验证、城市黑臭水体现状综合分析以及治理工程监督和治理成效评估等（图 1-14）。

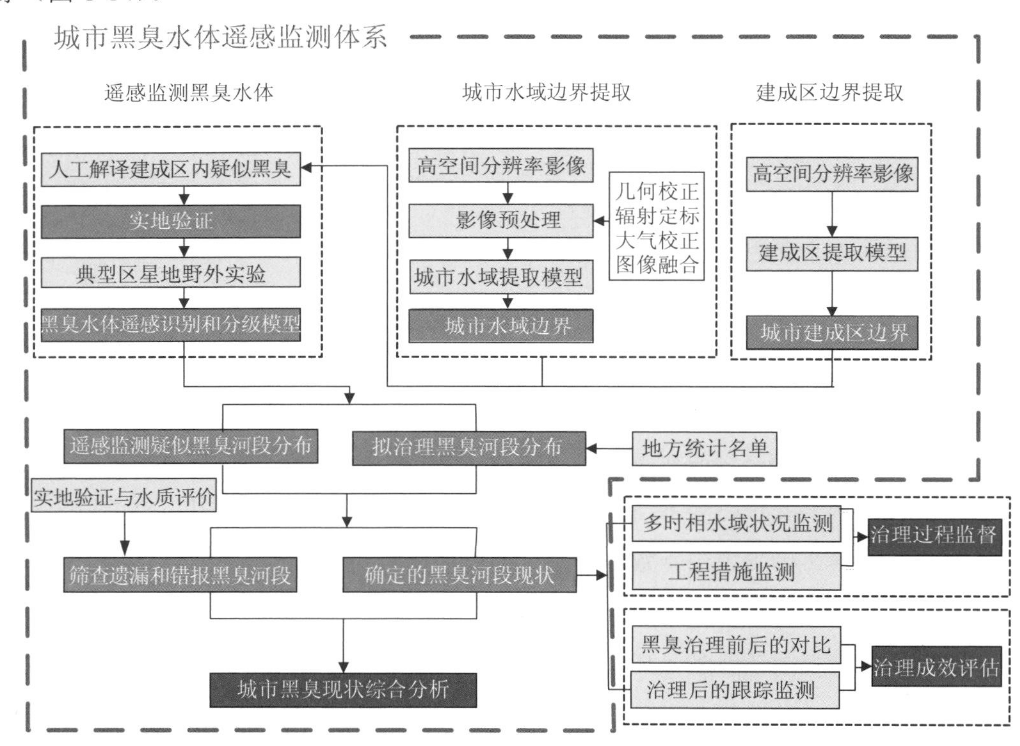

图 1-14 城市黑臭水体遥感监测体系

城市黑臭水体遥感监测的主要对象为建成区内的黑臭水体河段，因此首先要确定建成区的范围。这里的建成区主要基于高分辨率遥感影像，根据城市建筑密度，利用遥感手段提取建成区的边界范围，与市政建成区范围会有不同。在确定城市黑臭水体的监测范围后，接下来需要进一步缩小黑臭水体的筛查范围，可基于高分辨率遥感影像提取城市的水域边界。这里要先进行几何校正、辐射定标、大气校正和图像融合等预处理。由于城市水域有水系狭长、容易受道路和建筑物阴影影响等特点，城市水系精细提取存在一定的难度，这也是城市黑臭水体监测的一个关键技术。在获取了建成区内水域边界后，就可以利用现有的黑臭提取模型结合水体流通性、河岸类型等信息提取疑似黑臭水体，并在掌握疑似黑臭水体空间分布的基础上开展野外试验验证，测取氨氮、溶解氧、氧化还原电位、透明度、遥感反射率等参数。开展野外试验有两个目的：一是根据《城市黑臭水体整治工作指南》要求，通过实测参数判定水体是否黑臭，验证经遥感筛查的黑臭河段的准确性，确定准确的城市黑臭水体清单；二是测取水质参数，积累大量黑臭水体数据样本，不断优化、标定黑臭水体提取模型，以得到更为有效、精准的黑臭水体提取方法。随着各城市黑臭水体治理工程的进行，利用遥感手段多时相、大范围监测的特点，可开展治理过程监督和整治成效评估。对于正在治理的黑臭河段，可开展多时相的整治过程监测，获取整治措施的工程进展，为管理部门提供管理依据；对于完成治理的黑臭河段，可基于高分辨率遥感影像，利用已形成的黑臭提取方法再次筛查，获取长时间序列的水质数据，评估治理成效，监督黑臭水体复发情况。

参考文献

[1] 林培.《城市黑臭水体整治工作指南》解读[J]. 建设科技，2015（18）：14-15.

[2] 张兵. 内陆水体高光谱遥感[M]. 北京：科学出版社，2012.

[3] 白照广. 高分一号卫星的技术特点[J]. 中国航天，2013（8）：5-9.

[4] 潘腾. 高分二号卫星的技术特点[J]. 中国航天，2015（1）：3-9.

[5] 周平. 资源三号卫星遥感影像高精度几何处理关键技术与测图效能评价方法[D]. 武汉：武汉大学，2016.

[6] 卜丽静，郑新杰，肖一鸣，等. 视频影像超分辨率重建[J]. 国土资源遥感，2017，29（4）：64-72.

[7] 卜丽静，孟进军，张正鹏. 吉林一号视频卫星数据在车辆检测中的可行性[J]. 遥感信息，2017，32（3）：98-103.

[8] 李德仁，李明. 无人机遥感系统的研究进展与应用前景[J]. 武汉大学学报（信息科学版），2014，39（5）：505-513.

[9] 申茜，朱利，曹红业. 城市黑臭水体遥感监测和筛查研究进展[J]. 应用生态学报，2017，28（10）：3433-3439.

2 高分辨率遥感数据预处理

2.1 高分辨率遥感数据几何校正

2.1.1 几何校正

由于扫描畸变等系统因素以及遥感平台高度、经纬度、速度和姿态不稳定、地球曲率等非系统因素，使影像本身的集合位置、大小、方位等特征和现实地物不一样，从而产生畸变。为了消除几何畸变，需对影像进行几何校正[1]。几何校正包括几何初校正和几何精校正。正射校正是借助于地形高程模型（DEM）对影像的每一个像元进行地形变形的校正，使遥感影像更符合正射投影的需求。高分辨率数据的几何初校正可利用影像自带的 RPC 文件[2]对 GF-1（高分一号）/GF-2（高分二号）多光谱、全色影像进行正射校正，几何精校正可通过地面控制点或其他更高空间分辨率影像实现。

2.1.2 几何校正实现

几何校正可通过常用的遥感软件，如 ERDAS、ENVI 中的几何校正模块实现。以 ENVI 遥感软件为例：①打开.tiff 文件，在波段列表中可以看到 ENVI 自动识别了 RPC 文件；②选择 ENVI 中的正射校正菜单（Map – Orthorectification – Generic RPC and RSM – Orthorectify using RPC or RSM）；③选择文件，在 Orthorectify 参数面板中进行参数设置，包括控制点选择，输出像元大小、重采样方法、输出路径等；④单击“ok”键执行正射校正。全色和多光谱正射校正都是在无控制点利用 RPC 文件做的校正，几何位置在视觉上没有偏差，定位精度较高。

2.2 高分辨率数据大气校正

2.2.1 大气校正基本原理

在传感器接收的大气顶层总信号中，80%～90%来源于大气散射，而带有水体信息的离水辐射信号不足 10%。大气校正[3]的目的就是从传感器接收的总信号中剔除大气散射信号的干扰，得到真正含有水体信息的反射率数据。在水质参数遥感定量反演应用中，为精确反演水体信息必须对影像进行大气校正。

FLAASH[4]是基于 MODTRAN4 模型的大气校正模块，主要用于从高光谱遥感影像中还原出无大气影响或受大气影响较小的地物地表反射率，校正的波长范围为 0.4～3 μm。与其他大气校正模型的计算方法不同，FLAASH 直接与 MODTRAN4 的大气辐射传输编码相结合，不采用模型数据库中加入的辐射参数对大气进行校正，因此任何标准 MODTRAN4 大气模型和气溶胶类型都可以被直接选用，并计算无大气影响的地表反射率。FLAASH 能够生成薄云和卷云的分类影像，对光谱进行平滑，消除噪声。

FLAASH 大气校正基于太阳波谱范围内（不包括热辐射）标准的平面朗伯体在传感器处接收到的单个像元的光谱辐射亮度按式（2-1）进行计算：

$$L=\frac{Ap}{1-p_e s}+\frac{Bp_e}{1-p_e s}+L_a \tag{2-1}$$

式中，L——传感器接收到的某个像元的辐射强度；

p——该像元的地表反射率；

p_e——该像元及周边像元的混合平均地表反射率；

s——大气的球面反射率；

A，B——由大气条件及地表下垫面几何条件所决定的系数；

L_a——太阳辐射经大气散射后再由地表向上反射并通过大气进入传感器单元的一部分辐照度。

大气散射会引起“邻近像元效应”，而大多数的大气辐射校正模块中一般假设 $p=p_e$，这样的校正方式忽略了“邻近像元效应”，这些模型在地物类型单一而且具有较高能见度的情况下是可行的，但在有薄云或地表反射对比强烈的条件下会导致在短波范围内大气校正结果误差较大。FLAASH 利用大气点扩散函数进行空间均衡化处理，对邻近像元效应进行了校正。在L_a、s、A、B、p_e已知的前提下，可以使用式（2-2）计算出像元的空间平均辐射率：

$$L_e \approx \frac{(A+B)p_e}{1-p_e s}+L_a \tag{2-2}$$

此外，平均辐射率还可以通过原始影像的基本参数计算得出，从而反演出影像的真实辐射率。在计算邻近像元反射率时，传感器接收到的直接来自目标地物的光信号被分为经大气散射后进入传感器和经邻近像元散射后进入传感器两部分。其中，直接进入传感器的辐射率可由式（2-3）计算得出：

$$p_{TOA}=p_{RA}+\frac{pT_{RA}(us)e^{\tau/u_v}+(p_e)T_{RA}(us)t_d(u_v)}{1-\langle p_e\rangle s_{RA}} \tag{2-3}$$

式中，p_{TOA}——大气散射后直接进入传感器的辐射率；

p——地物真实反射率；

$T_{RA}(us)$——传感器接收到的大气向上散射透过率；

e^{τ/u_v}——大气向上散射透过率；

$t_d(u_v)$——大气向上漫射透过率；

$\langle p_e\rangle$——邻近像元反射率，由大气点扩散函数与像元空间平均反射率的乘积在径向距离上的二重积分运算获取，由式（2-4）表示：

$$\langle p_e\rangle=\iint_{-\infty}^{+\infty} f_r(x,y)p_e(x,y)\mathrm{d}x\mathrm{d}y \tag{2-4}$$

式中，x，y——邻近像元到中心像元的几何距离，在 FLAASH 中大气点扩散函数$f_r(x,y)$用一个径向距离的近似指数函数代替；

$p_e(x,y)$——像元的空间平均反射率。

邻近像元反射率获取之后，即可推得式（2-5），从而得到地物真实反射率p。

$$p=\frac{pT(u_v)-\langle p_e\rangle t_d(u_v)}{e^{-\tau/u_v}} \tag{2-5}$$

2.2.2 大气校正实现

大气校正可通过常用的遥感软件，如 ERDAS、ENVI 中的大气校正模块实现。ENVI 软件中可以运用 FLAASH 大气校正模型对高分辨率影像进行大气校正，以高分二号卫星为例，具体流程如下：

（1）添加中心波长

FLAASH 大气校正需要影像的中心波长信息，ENVI 暂不能自动识别 GF2 数据的头文件信息，因此需要手动添加中心波长信息。编辑影像头文件，依次填入各波段对应中心波长。这里取波谱响应值为 1 的波长为各波段对应中心波长，依次为 514 nm、546 nm、656 nm、822 nm。

（2）FLAASH 大气校正

打开 FLAASH 大气校正模块进行参数设置。

Single scale factor（单位转换因子）：10；定标后的单位是 W/（m^2·sr·μm），与 FLAASH 要求的单位μW/（cm^2·sr·nm）相差 10 倍，因此输入缩放系数 10。

Scene Center Location（中心点经纬度）：原始影像在软件中打开无坐标信息，无法自动识别，可根据元数据文件中的四角点数据计算大概位置。

Sensor Type（传感器类型）：UNKNOWN-MSI。

Sensor Altitude（传感器高度，km）：631。

Ground Elevation（地面高程，km）：1.515。

Pixel Size（像素大小，m）：4。

Fight Date、Flight Time GMT（成像日期/成像时间 HH：MM：SS）：根据影像日期设置，可从元数据文件中查看（第 24 行字段），减去 8 转换为格林尼治时间。

Atmospheric Model & Aerosol Model（大气模型和气溶胶模型）：根据经纬度和影像区域选择。

Aerosol Retrieval（气溶胶反演方法）：由于高分影像缺少短波红外，选择 None。

Initial Visibility（能见度，km）：根据实际情况设置，默认 40。

Multispectral Settings（多光谱设置）：选择 GF2 波谱响应函数，波谱响应函数由中国资源卫星应用中心提供。

Advanced Setting（高级设置）：Use Tied Peocessing 选择 No。如果计算机内存低于 8 G，需要使用分块计算，并将分块设置为 100～200 M，其余参数默认。

2.2.3 大气校正效果比对

通过比较大气校正后的数据和实测光谱数据的差异来比对分析大气校正精度。由图 2-1 可以看出，大气校正后水体四波段反射率曲线更接近真实水体反射率曲线，大气校正效果较好。

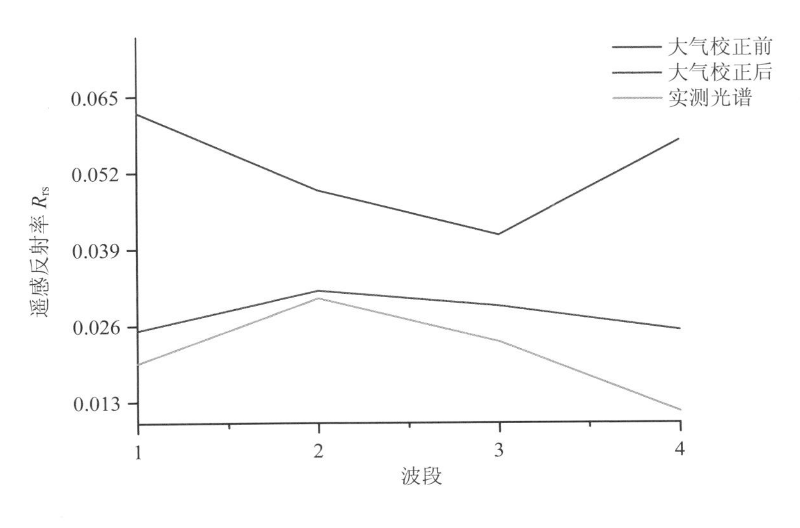

图 2-1 大气校正效果比对

2.3 基于高分辨率数据的建成区提取

2.3.1 不透水面指数计算

选择不透水面进行城市建成区与周围地物的差异特征提取[5]。城市不透水面的提取可选用生物物理指数（BCI）进行。计算城市生物物理指数 BCI（Biophysical Composition Index）时，不透水面与其正相关且灰度值大于零，植被与其他土地覆盖灰度值小于零，且与植被覆盖度负相关，土壤的灰度值接近零，可以将三种组分区分开。与 NDVI（Normalized Difference Vegetation Index）植被指数相比，BCI 指数与不透水面的相关性比 NDVI 与不透水面的相关性更强，且 BCI 与植被丰度的相关性与 NDVI 相当。相较于 NDBI（Normalized Difference Building Index）归一化建筑指数，BCI 指数可以更好地区分光照土壤与高反照率不透水面。总体来说，BCI 指数比 NDVI 指数、NDBI 指数更适合监测和分析城市环境。

BCI 指数计算如式（2-6）所示：

$$\mathrm{BCI}=\frac{(H+L)/2-V}{(H+L)/2+V} \tag{2-6}$$

式中，H——穗帽变换（TC 变换）高反射率，即归一化 $TC1$ 分量（TC 是穗帽变换）；

L——低反射率，即归一化 $TC3$ 分量；

V——植被，即归一化 $TC2$ 分量。

3 个因子的计算公式如下：

$$H = \frac{TC1 - TC1_{\min}}{TC1_{\max} - TC1_{\min}} \tag{2-7}$$

$$V = \frac{TC2 - TC2_{\min}}{TC2_{\max} - TC2_{\min}} \tag{2-8}$$

$$L = \frac{TC3 - TC3_{\min}}{TC3_{\max} - TC3_{\min}} \tag{2-9}$$

式中，TC——穗帽变换；

TCi（i=1，2，3）——前 3 个 TC 分量；

$TCi_{\min}$ 和 $TCi_{\max}$——分别是第 i 个 TC 分量的最小值和最大值。

利用 OLI 影像数据计算可得到 BCI 指数图。BCI 图像中，城市区域 BCI 值偏高；土壤及混合土地覆盖类型的 BCI 值接近 0；植被的 BCI 值较低，一般小于 0。

2.3.2 主体建成区提取

不透水面指数得到的是一个离散分布的影像空间，其本身并不能完全反映建成区的空间分布，因此需要通过对不透水面聚集密度进行进一步计算，从而提取整个建成区[6]。某像元点的不透水面聚集密度描述了以该像元为中心、一定半径范围内不透水面的聚集程度与分布密度。平均值可体现半径范围内的分布密度，以距离作为权值，距中心点越近，权值越大，可用于衡量半径范围内建筑物的聚集程度。不透水面聚集密度（Denisty）如式（2-10）所示：

$$\text{Denisty}(r) = \frac{\sum B_{si}(1 - \frac{D_i}{2r})}{\sum (1 - \frac{D_i}{2r})} \tag{2-10}$$

式中，B_{si}——半径 r 范围内像元的类型，不透水面为 1，透水面为 0。

D_i——像元与中心点 S 之间的距离。

根据计算出的不透水面聚集密度，寻找阈值进行分割，将不透水面聚集密度大的区域定义为城市建成区。

2.3.3 建成区提取案例分析

以上海市为例，提取得到建成区范围约为 3 733.98 km^2，主要包括闵行区、宝山区、徐汇区、浦东新区等，效果如图 2-2 所示。

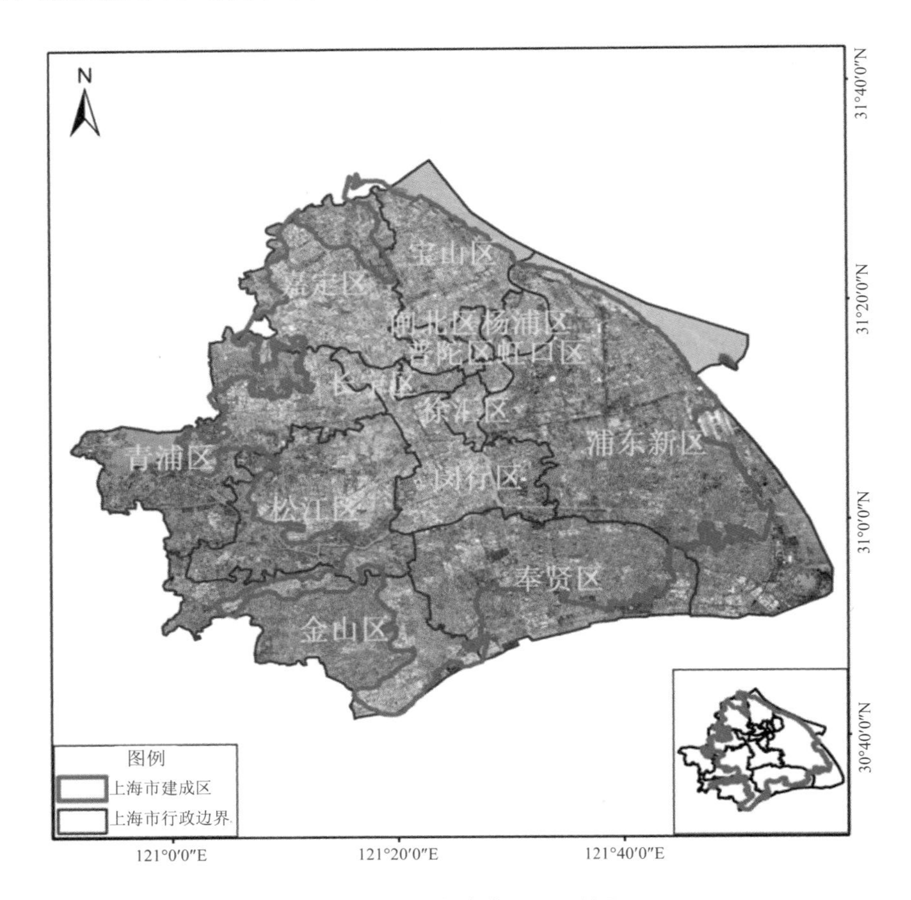

图 2-2 上海市建成区提取结果

2.4 基于高分辨率数据的城市水系提取

2.4.1 影像分割与水体知识库构建

面向对象[7]的水体提取以影像分割得到的同质对象为目标，基于对象对水体特征进行分析建立水体提取知识库，采用模糊分类方法实现水体的提取。

影像分割[8]将影像划分为大小不等且互不相交的小区域（具有某些共同属性像素的连通集合）。在建成区内进行分割实验，把分割尺度设置为 50、100、150、200、250、300 等值，颜色因子、形状因子、光滑度、紧密度的权重按照默认分别设为 0.9、0.1、0.5、0.5。研究区域内水体有不同尺度的类型，最佳分割尺度既要保障使小的水体能被独立地分割出来，还要尽可能地使大的水体对象不会太破碎。图 2-3、图 2-4、图 2-5 是分割尺度分别为 100、150、200 的分割效果。尺度为 100 时，虽能把小的水体分割出来，但是与尺度为 150 时相比大的水体太破碎；尺度为 200 时，大的水体比较完整，但是有的小的水体却没有独立分割出来，如图 2-5 中红色椭圆里的小块水体。因此相比之下，150 为最佳分割尺度。

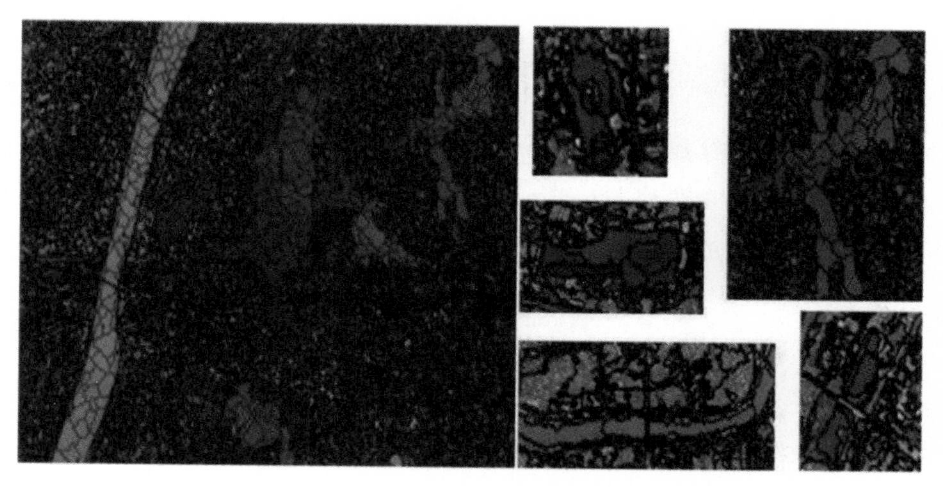

图 2-3 尺度为 100 的影像分割效果

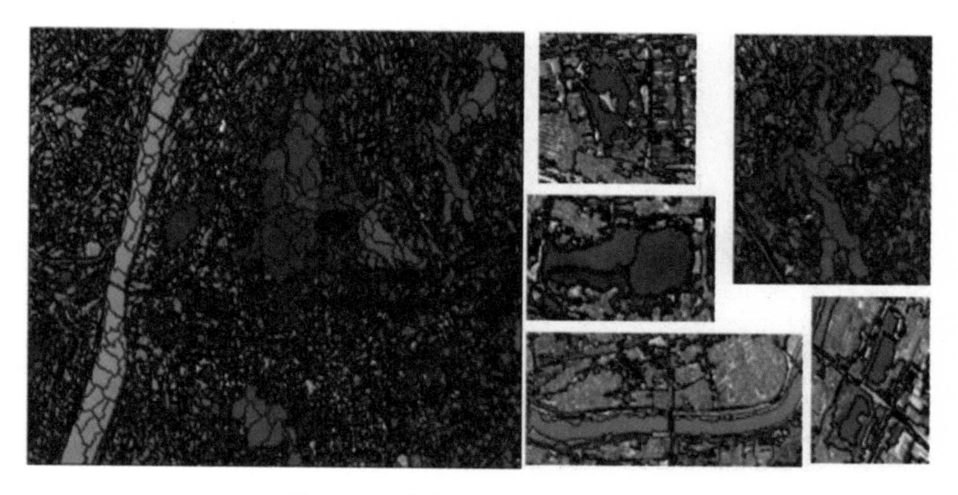

图 2-4 尺度为 150 的影像分割效果

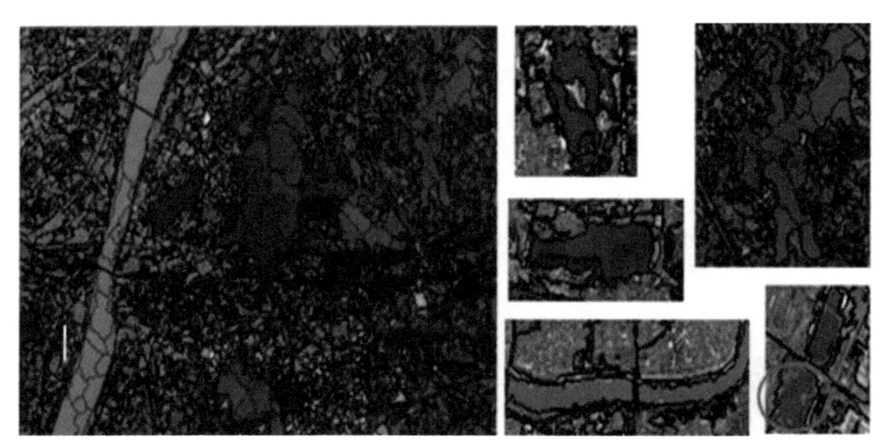

图 2-5　尺度为 200 的影像分割效果

决策支持的模糊分类[9]方法用一个特征或很少的特征可以将一个类同其他类区分。通过选取地物的多种特征建立分类规则。特征选择如下：

（1）Ratio NIR（近红外比率）

W_k^{B} 为影像图层 K 的亮度权，$\overline{c_k}(\mathrm{v})$ 为影像对象 v 中图层 K 的平均强度，$c(\mathrm{v})$ 为亮度。如果 $W_k^{\mathrm{B}}=1$ 和 $c(\mathrm{v})\neq 0$，那么 $\mathrm{ratio}=\dfrac{\overline{c_k}(\mathrm{v})}{\sum_{k=1}^{n}c_k(\mathrm{v})}$；如果 $W_k^{\mathrm{B}}=0$ 和 $c(\mathrm{v})\neq 0$，那么 $\mathrm{ratio}=0$。

（2）Max.diff

对象所有通道最大值与最小值的差与亮度的比值可按式（2-11）进行计算：

$$\mathrm{Max.diff}=\frac{\max-\min}{\mathrm{Brightness}} \tag{2-11}$$

式中，max、min——对象所有通道中的最大值和最小值；

Brightness——对象的亮度，即在 4 个通道上的均值。

（3）Length/Width

对象长度与宽度比值。

2.4.2　阴影分离与精度分析

2.4.2.1　水体提取与阴影分离

水体最显著的光谱特征是对近红外[10]和中红外波段的吸收比较强。阴影区对近红外和中红外的吸收也比较强，而水体对红色波段和绿色波段的吸收比阴影要弱，可以利用近红外比率来进行水体提取。设置阈值为 0.18，小于 0.18 的为水体，分类结果如图 2-6 所示。

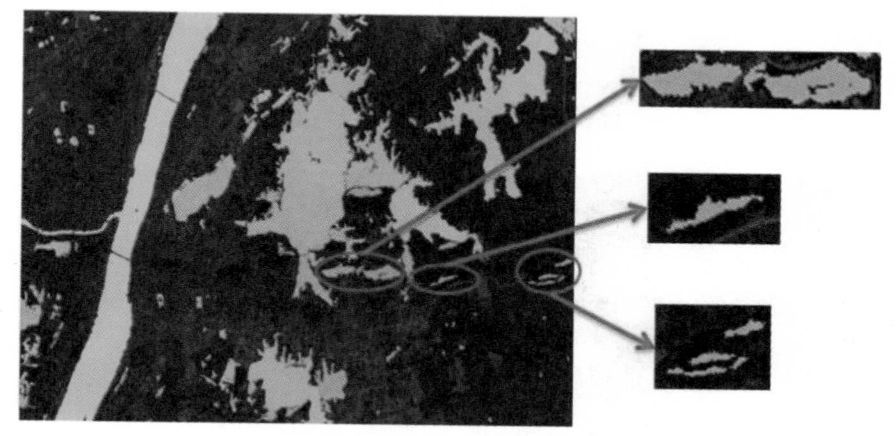

图 2-6 基于面向对象用 Ratio NIR 提取水体效果

按照上述方法提取的水体仍混淆了少量的阴影，如在东湖附近的珞珈山、猴山等，阴影都随着水体被提取出来，如图 2-6 红色椭圆所示。分析发现这些阴影在近红外和中红外波段的亮度值都比水体高，在红色和绿色波段的亮度值都比水体低。这主要是因为水体的内部结构一致，对不同波段能量进行选择性吸收，而阴影内部结构不一致，对 4 个波段的能量吸收没有明显的选择性，从而导致阴影在近红外和中红外波段的亮度值比水体高、在绿色和红色波段的亮度值比水体低。因此，可以利用 Max.diff 这一属性，在 Ratio NIR 提取结果的基础上进行阴影与水体的再区分，设置阈值为 0.81，大于 0.81 即水体。提取效果如图 2-7 所示，可以看出图 2-6 中的山体阴影被很好地消除了。

图 2-7 基于面向对象用 Max.diff 提取水体效果

2.4.2.2 精度评价

为了客观地评价面向对象法提取水体的优势与不足，可以通过对实验区数据按照传统监督分类法提取水体进行对比，如最大似然法[11]、最小距离法[12]和马氏距离法[13]。以上四种方法的水体提取结果如图 2-8 所示，精度评价结果如表 2-1 所示。

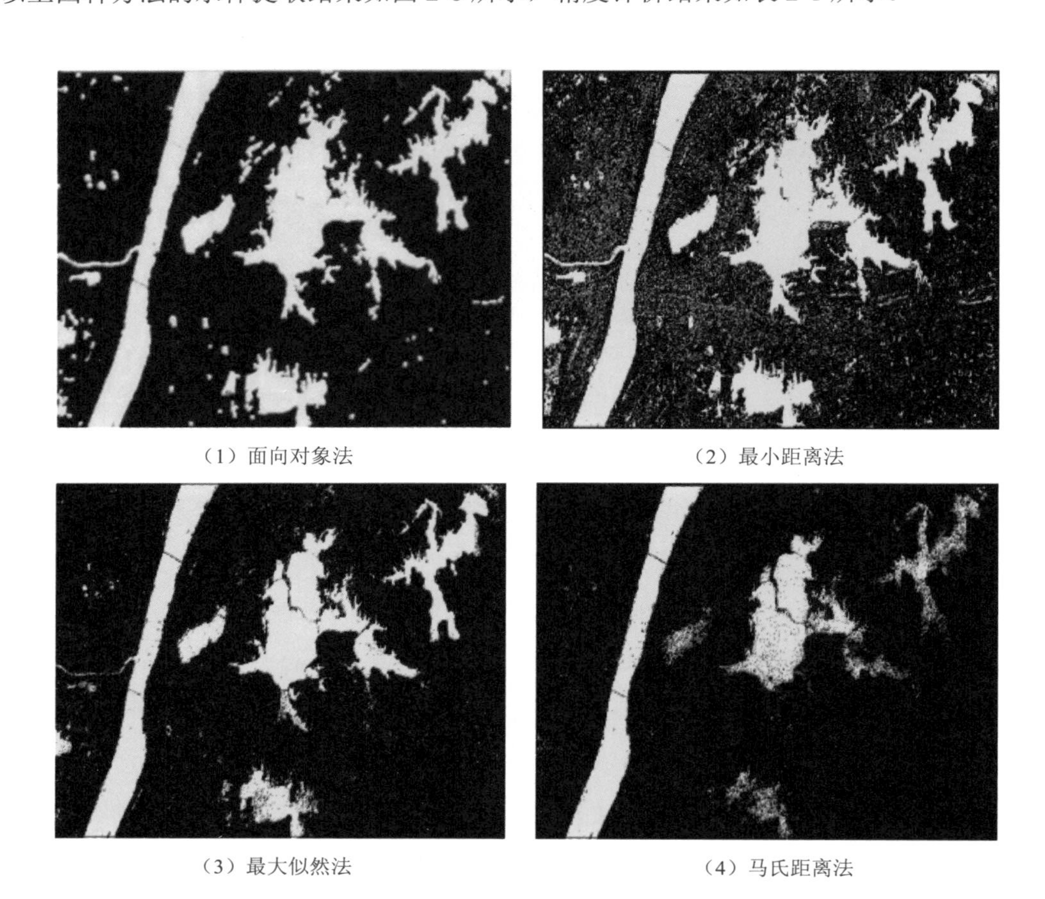

（1）面向对象法　（2）最小距离法

（3）最大似然法　（4）马氏距离法

图 2-8　四种方法水体提取结果

表 2-1　四种方法水体提取精度

分类方法	总精度/%	Kappa 系数
最大似然	92.70	0.827 1
最小距离	89.84	0.739 2
马氏距离	85.16	0.520 6
面向对象	97.72	0.944 5

在图 2-8 中，按最小距离法提取的水体被过度分类，并且“椒盐噪声”[14]严重；马

氏距离法中非水体被过度分类；最大似然法比马氏距离法和最小距离法提取的效果好，但仍存在“椒盐噪声”；面向对象法不仅在分类精度上显著优于传统的面向像元方法，并且大大抑制了“椒盐噪声”。

2.4.3　建成区水域提取结果

深圳市建成区范围内水域提取主要根据融合后的 GF1、ZY3 卫星影像，分辨率达到 2.1 m，根据该影像提取深圳市行政区内水域分布状况及建成区范围内的水域分布状况，包括河流水域和湖泊坑塘水域。根据提取的数据进行统计汇总，2017 年深圳市城市建成区水域总面积为 49.58 km^2，占建成区总面积的 3.51%。

由于受到季节性降雨、干旱造成的水位、水域分布变化，以及水生植被造成的水域识别误差等的影响，此处的面积和比例仅针对影像成像时刻的实际面积，不针对全年最大或平均面积，与实际水体边界分布面积可能有所差异。深圳市主要水域分布如图 2-9 所示，建成区水域分布如图 2-10 所示。

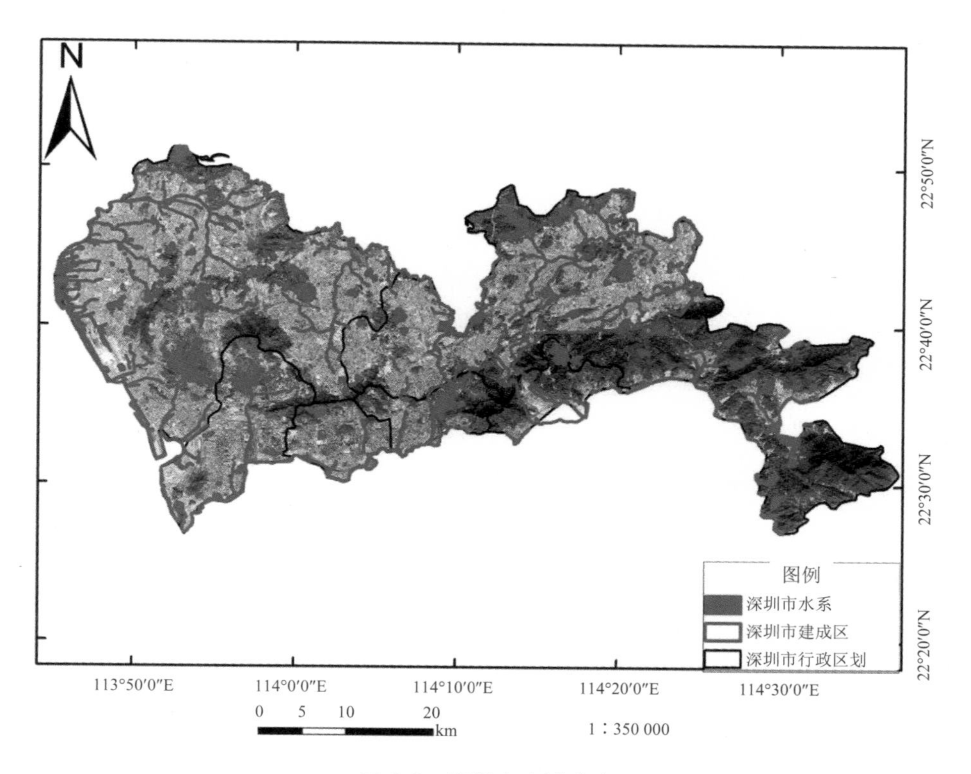

图 2-9　深圳市水域分布

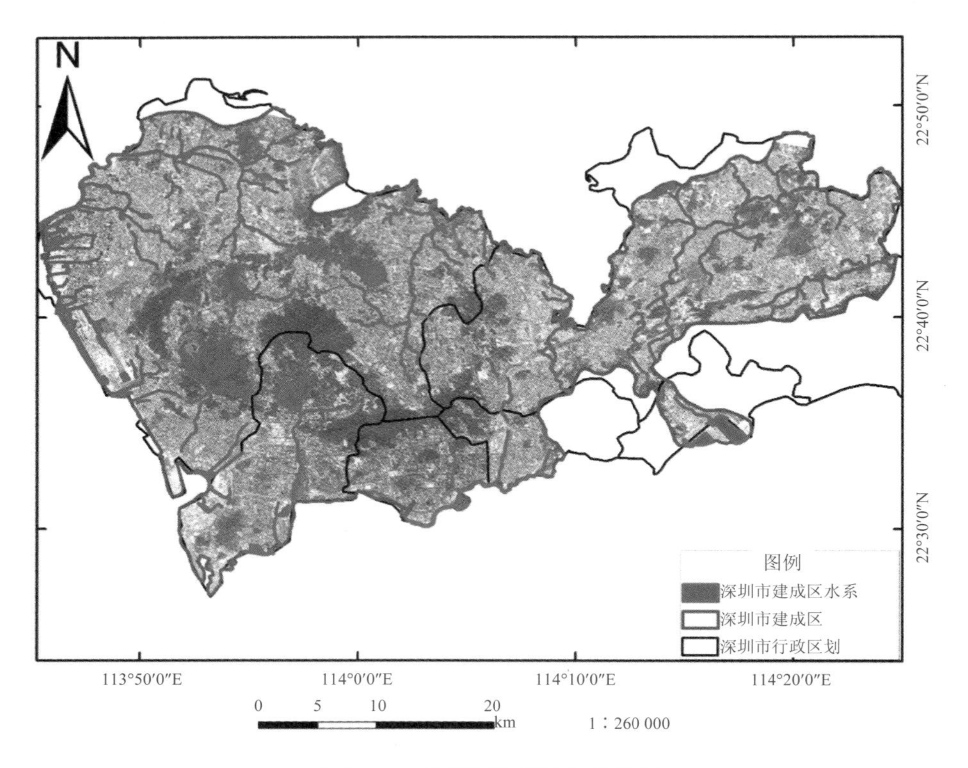

图 2-10 深圳市建成区水域分布

参考文献

[1] 于博文，田淑芳．“高分一号”卫星数据几何校正研究[J]. 遥感技术与应用，2017（1）：133-139.

[2] 王红平，刘修国，罗红霞，等. 基于 RPC 模型的 IRS-P5 影像正射校正[J]. 地球科学（中国地质大学学报），2010（3）：485-489.

[3] Rani N，Mandla VR，Singh T. Evaluation of atmospheric corrections on hyperspectral data with special reference to mineral mapping[J]. Geoscience Frontiers，2017（4）：797-808.

[4] Saini V，Tiwari RK，Gupta RP. Comparison of FLAASH and QUAC atmospheric correction methods for Resourcesat-2 LISS-IV data[J]. SPIE Asia-Pacific Remote Sensing，2016：9881V.

[5] 张晓萍，吕颖，张华国，等. 1990—2011 年舟山群岛不透水面动态遥感分析[J]. 国土资源遥感，2018（2）：178-185.

[6] 王若曦，李建，李熙，等. DMSP 夜间灯光数据与 Landsat 数据结合的建成区提取研究——以江西省为例[J]. 华中师范大学学报（自然科学版），2018（1）：130-146.

[7] 徐锐，林娜，吕道双. 面向对象的高光谱遥感影像稀疏表示分类[J]. 测绘工程，2018（4）：71-80.

[8] 赵泉华，谷玲霄，李玉. 基于区域相似性的高分辨率遥感影像分割[J]. 仪器仪表学报，2018（2）：257-264.

[9] 杨剑，宋超峰，宋文爱，等. 基于遗传算法的模糊 RBF 神经网络对遥感图像分类[J]. 小型微型计算机系统，2018（3）：621-624.

[10] 张硕，白廷柱，邱纯，等. 一种谱聚类灰度纹理图像分割方法及其在近红外成像仿真中的应用[J]. 2018（4）：369-376.

[11] 陈楠. 基于 ENVI 的遥感图像特征分析及图像分类[D]. 济南：山东大学，2017.

[12] 党涛，李亚妮，罗军凯，等. 基于最小距离法的面向对象遥感影像分类[J]. 测绘与空间地理信息，2017（10）：163-173.

[13] 鲍文霞，余国芬，胡根生，等. 基于马氏距离谱特征的图像匹配算法[J]. 华南理工大学学报（自然科学版），2017（10）：114-128.

[14] 兰霞，刘欣鑫，沈焕锋，等. 一种消除高密度椒盐噪声的迭代中值滤波算法[J]. 武汉大学学报（信息科学版），2017（12）：1731-1737.

3 城市黑臭水体地面调查星地同步试验

3.1 试验设计

试验的设计主要包括疑似黑臭水体筛查、研究区选择、采样点设计、试验测量参数的确定。

首先，利用百度实景地图、Google earth 卫星影像等判断水体沿岸是否工厂密集、居民区聚集，河流本身是否存在断头、水量小等特征，若存在特征中的一项及以上，则判断为疑似黑臭水体。

其次，根据疑似黑臭水体分布状况，选择分布相对集中的区域作为研究区，同时也要选择同区域内距离较近的一些一般水体作为对比样本。此外，应尽可能选择较宽的河流，并在这些河流上每隔 500 m 左右布设采样点。

最后，将试验参数测量分为野外试验参数测量与室内试验参数测量两部分。其中，野外试验主要包括水面光谱测量、野外水质参数测量、气溶胶厚度测量、水样采集等；室内试验包括悬浮物浓度测量、叶绿素 a 浓度测量、有色可溶性有机物测量、颗粒物吸收系数测量、遥感影像的获取与处理，可根据试验需求有选择地进行测量。城市黑臭水体星地同步试验一般测量内容如表 3-1、表 3-2 所示。

表 3-1　野外试验参数采集统计

项目	具体测量内容
野外水质参数测量	透明度、氧化还原电位、溶解氧、水温、浊度
气象数据记录	天气情况、风速、风向
光学参数测量	水面光谱数据、气溶胶光学厚度
其他	经纬度、时间等，现场照片拍摄，水样采集

表 3-2 室内试验参数采集统计

项目	具体测量内容
室内水质参数测量	叶绿素 a 浓度
	总悬浮物浓度、有机悬浮物浓度、无机悬浮物浓度
	有色可溶性有机物
	氨氮
	总氮、总磷
	硫化物
	化学需氧量
	生化需氧量
遥感影像	地面试验同步遥感影像的获取
	遥感影像的处理

3.2 参数测量及数据处理

3.2.1 遥感反射率 R_{rs} 光谱测量与处理

遥感反射率的测量平台有航空、卫星、地面便携三类，以航空与卫星平台为载体，遥感反射率 R_{rs} 测量主要通过对获得的遥感影像进行辐射归一化、大气校正等处理得出。地面光谱数据测量与处理则相对复杂，此处以美国 ASD 公司生产的 FieldSpec4 便捷式地物波谱仪为例，介绍其水面光谱测量与数据处理过程。

3.2.1.1 测量原理

根据光谱测量仪器与水面相对位置的不同，水体表观光谱测量方法可以分为两类：水面以上光谱测量法（表面法）和水面以下光谱测量法（剖面法）。NASA 出版的《海洋光学规程》较为详尽地描述了水体表观光谱测量方法（包括表面法和剖面法）。对于 I 类水体，剖面法是国际水色遥感界推荐的首选方法，对于 II 类水体，目前比较有效的方法是表面法。

表面法是利用光谱仪在水面测量下行辐照度、某个方向的水面上行辐亮度和与之对称方向的天空光辐亮度、经过天空光反射校正的离水辐亮度，计算得到常用的水体表观光学量，即水面遥感反射率 R_{rs}（λ）和刚好在水面以下辐照度比。

测量环境的要求如下：

（1）能见度的要求：对一般无严重大气污染的地区，测量时的水平能见度要求不小于 10 km。

（2）云量限定：太阳周围 90°立体角，淡积云量，无卷云、浓积云等，光照稳定。

（3）风力要求：测量时间内风力小于 5 级。

（4）光源：自然太阳光，要求有一定的辐照度以满足测量精度要求下的信噪比，即要有一定的太阳高度角，测量时太阳天顶角小于 50°，一般中纬度地区夏天测量时间为当地时间上午 10 点至下午 2 点，低纬度地区可以适当放宽，高纬度地区和冬季则严格一些。

（5）避免阴影：探头定位时必须避免阴影，建筑物阴影、植物阴影、船体阴影是影响测量结果的重要因素。为了减少船体阴影的影响，停船时应将船头和船尾正对太阳光的入射方向，然后在船头和船尾抛锚，避免船体方向的转动。另外，探头应尽量远离船体，防止船体的反射光对测量结果造成影响。

3.2.1.2 测量设备

表面法通常利用美国 ASD 公司（现隶属于荷兰帕纳科）设计制造的 FieldSpec 系列波谱仪进行测量。ASD 地物光谱仪（图 3-1）通过光纤采集外界光信息，经凹面全息反射光栅分光，使用电荷耦合元件阵列和光电二极管阵列传感器将分光后的光信号按能量比例转换为电信号，可以测量待测物体的反射率、辐射照度、辐射亮度等。它拥有一个固定的光纤线缆，可以对仪器进行辐射能量单元（辐射照度和辐射亮度）的定标。

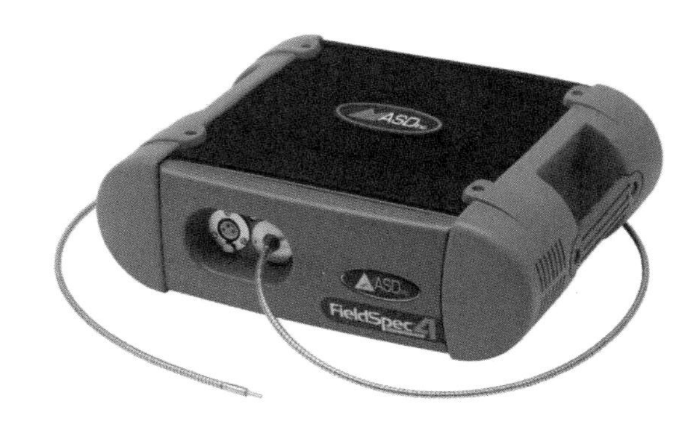

图 3-1 ASD 光谱仪

采集光谱范围：350～2 500 nm。

光谱分辨率：3 nm 和 6 nm。

采集数据频率：一个光谱数据的采集时间为 0.2 s。

当使用一个探头时，如果目标是计算遥感反射率，则不需要对光谱仪进行绝对定标，因为离水辐亮度和水面下行辐照度相除时会抵消定标系数。如果目标是测量离水辐亮度，则需要对光谱进行绝对辐射定标。

3.2.1.3 测量方法

基于 ASD 的水面光谱测量方法如下：

（1）ASD 仪器主机提前预热半小时，到达测量点位后打开 RS3 软件，首先尝试无线连接将 ASD 主机与笔记本电脑连线，如果连接不上，尝试有线连接；

（2）根据不同的应用目的，在 RS3 软件界面设置仪器参数（图 3-2）、保存路径，然后进行优化、暗电流测量等测前准备工作；

（3）将仪器探头对准标准板开始测量，测量顺序为标准板测量（探头垂直向下）、倾斜水体测量（探头天底角为 40°，向下）、倾斜天空光测量（探头向上，探头天顶角为 40°）、标准板测量（探头垂直向下）、倾斜水体测量（探头向下，探头天底角为 40°）、倾斜天空光测量（探头向上，探头天顶角为 40°）、标准板测量（探头垂直向下，离标准板约 25 cm）、倾斜水体测量（探头向下，探头天底角为 40°）、倾斜天空光测量（探头向上，探头天顶角为 40°）、标准板测量（探头垂直向下，离标准板约 25 cm）。

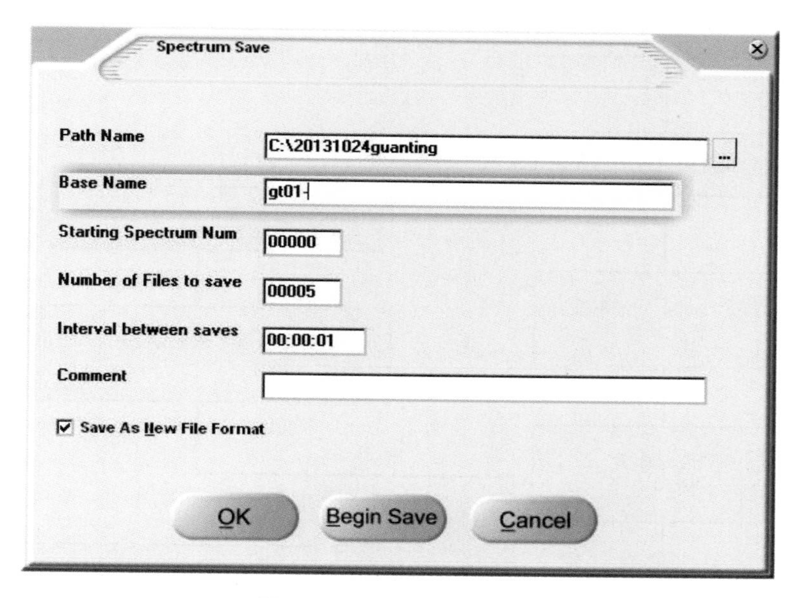

图 3-2 设置仪器参数窗口

3.2.1.4 测量注意事项

（1）试验人员穿深色耐脏的衣服，遮挡灰板的工具应涂上黑漆。

（2）准备塑料布或伞用来覆盖仪器，防止打到船上的水弄湿仪器。

（3）携带 GPS 记录仪，记录采集点的精确坐标。

（4）携带照相机，拍摄测量目标的数字照片，照片编号与测量的目标点对应。

（5）水面采样和光谱测量区域应尽量接近并且水色尽量一致。如果采样点附近有大面积的漂浮植物，在开展完采样点的全部试验后应将船开到漂浮植物里面，测量没有受到船体影响的漂浮植物的光谱，只测量光谱、拍照片，无须采集水样。

3.2.1.5 测量数据处理

准备工作：实验光谱数据、实验记录簿、太阳天顶角计算工具、ViewSpecPro 软件，水面镜面反射率 R_{sky} 查找表、参考板反射率信息。

数据处理（图 3-3）：①读取光谱数据；②查看光谱数据的离散程度，剔除离散度大的数据（图 3-4）；③求各点相应数据的平均值，导出 txt 文件；④计算太阳天顶角和天空光反射率 R_{sky}；⑤导入 txt 文件到 Excel 里面计算遥感反射率。

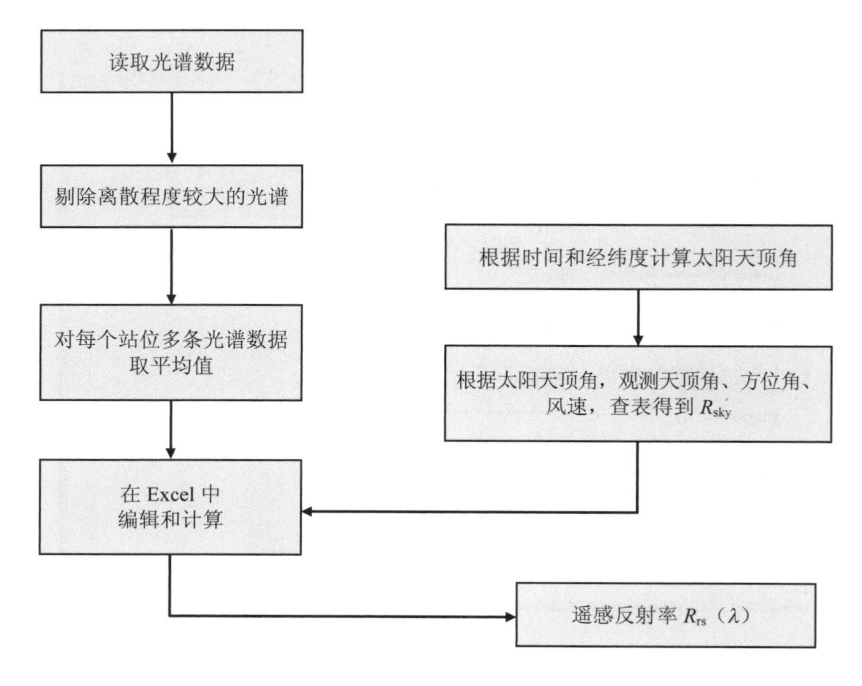

图 3-3　光谱数据处理流程

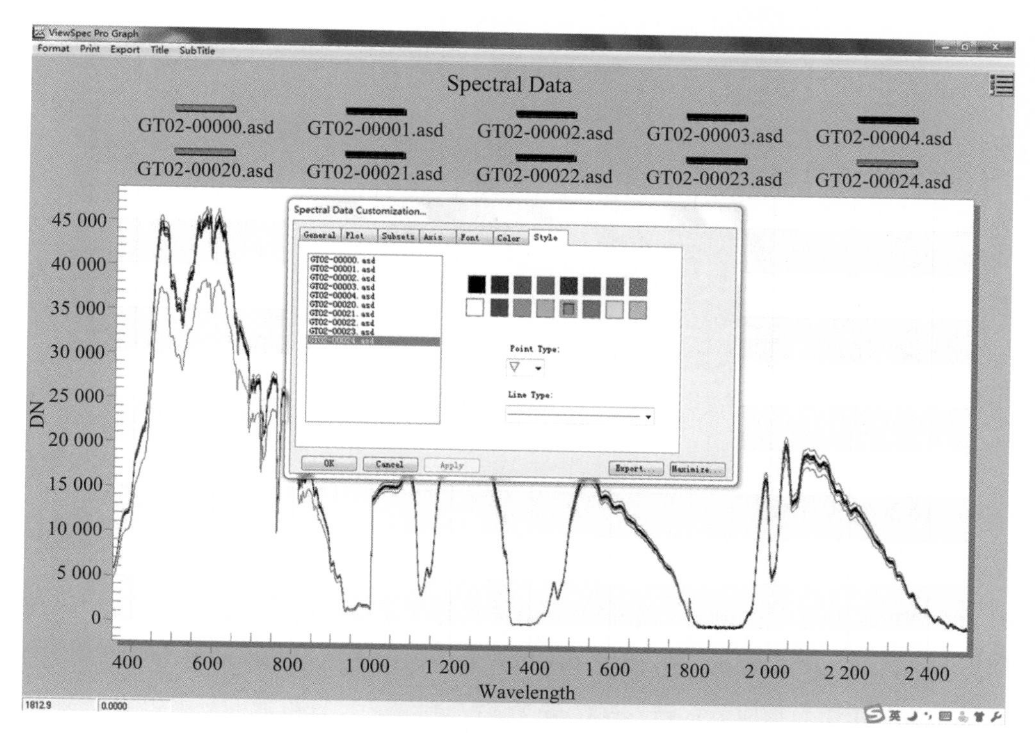

图 3-4 错误光谱数据剔除

基于表面法进行测量，对于每个采样点均应测量水体上行辐亮度 L_u（λ）、天空光下行辐亮度 L_{sky}（λ）以及参考板的辐亮度数据 L_p（λ）。遥感反射率 R_{rs}（sr^{-1}）可以通过式（3-1）计算得到[1]。

$$R_{rs}(\lambda)=\frac{L_w(\lambda)}{E_s(\lambda)}=\frac{L_u(\lambda)-r_{sky}\times L_{sky}(\lambda)}{\pi\times[L_p(\lambda)/\rho_p(\lambda)]} \tag{3-1}$$

式中，L_w（λ）——离水辐亮度；

E_s（λ）——水面下行辐照度；

r_{sky}——水气界面的天空光反射率，可以通过 Fresnel 公式推算得到；

ρ_p（λ）——生产商所提供的参考板的反射率光谱。

示例如图 3-5 所示。

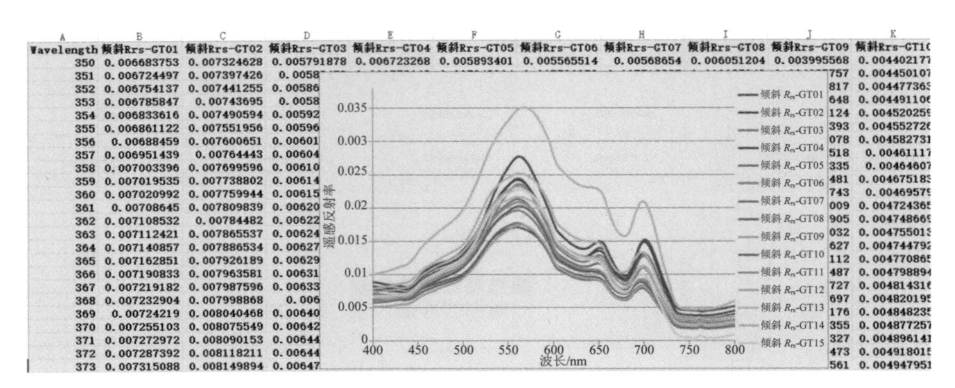

A	B	C	D	E	F	G	H	I	J	K
Wavelength	倾斜Rrs-GT01	倾斜Rrs-GT02	倾斜Rrs-GT03	倾斜Rrs-GT04	倾斜Rrs-GT05	倾斜Rrs-GT06	倾斜Rrs-GT07	倾斜Rrs-GT08	倾斜Rrs-GT09	倾斜Rrs-GT1
350	0.006683753	0.007324628	0.005791878	0.006723268	0.005893401	0.005565514	0.00568654	0.006051204	0.003995568	0.00440217
351	0.006724497	0.007397426	0.0058						757	0.00445010
352	0.006754137	0.007441255	0.00586						817	0.00447736
353	0.006785847	0.00743695	0.0058						648	0.00449110
354	0.006833616	0.007490594	0.00592						124	0.00452025
355	0.006861122	0.007551956	0.00596						393	0.00455272
356	0.00688459	0.007600651	0.00601						078	0.00458273
357	0.006951439	0.00764443	0.00604						518	0.0046111
358	0.007003396	0.007699596	0.00610						335	0.0046460
359	0.007019535	0.007738802	0.00614						481	0.00467518
360	0.007020992	0.007759944	0.00615						743	0.0046957
361	0.00708645	0.007809839	0.00620						009	0.00472436
362	0.007108532	0.00784482	0.00622						905	0.00474866
363	0.007112421	0.007865537	0.00624						032	0.00475501
364	0.007140857	0.007886534	0.00627						627	0.00474479
365	0.007162851	0.007926189	0.00629						112	0.00477086
366	0.007190833	0.007963581	0.00631						487	0.00479889
367	0.007219182	0.007987596	0.00633						727	0.00481431
368	0.007232904	0.007998868	0.006						697	0.00482019
369	0.00724219	0.008040468	0.00640						176	0.00484823
370	0.007255103	0.008075549	0.00642						355	0.00487725
371	0.007272972	0.008090153	0.00644						327	0.004896141
372	0.007287392	0.008118211	0.00644						473	0.00491801
373	0.007315088	0.008149894	0.00647						561	0.004947951

图 3-5 遥感反射率汇总

3.2.1.6 测量结果示例

从图 3-6 中可以看出，光谱反射曲线都具有典型的内陆二类水体的光谱特征。在 400～500 nm 波段范围，由于叶绿素 a 在蓝紫光波段的吸收及黄色质在该范围内的强吸收作用，水体的反射率较低；在 550～580 nm 范围，由于叶绿素和胡萝卜素的弱吸收以及细胞的散射作用而形成反射峰；600 nm 以后，叶绿素等有机质的反射能力逐渐下降。在 620～630 nm 范围，藻蓝蛋白有较大的吸收系数，反射率呈现谷值或肩状特征；在 675 nm 附近，由于叶绿素 a 对红光的吸收作用，形成了一个较为明显的反射谷；在 700 nm 附近，出现了一个反射峰，这是由于水和叶绿素 a 在该处的吸收系数达到最小，该反射峰是含藻类水体最显著的光谱特征，其存在与否是判定水体是否含有藻类的重要依据。

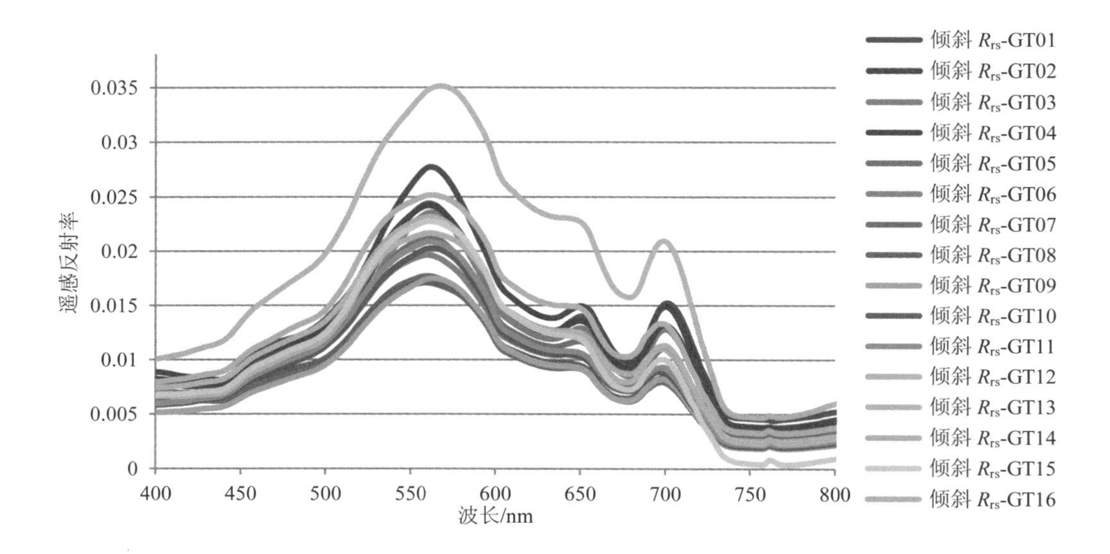

图 3-6 遥感反射率特征曲线

3.2.2 水质参数及气溶胶厚度野外测量

水质参数的野外原位测量[2]参数主要包括透明度、氧化还原电位、溶解氧、浊度、氨氮等。测量方法及步骤如下：

3.2.2.1 透明度测量

（1）测量设备

水体透明度测量主要有两种方法，分别为塞氏盘法和铅字法。两种方法均是根据检测人员的视力来观察水样的澄清程度。当水体黑臭、浑浊程度严重、透明度低于 330 mm 时，使用铅字法测量透明度较为准确；当水体透明度超过 330 mm 时，就会超过铅字法所使用的透明度计的量程，因而无法使用铅字法进行测量，此时需使用塞氏盘法测量水体透明度。塞氏盘法测量量程理论上是从 0 到无限，但实际上在水很浅又相对清澈的河流中，塞氏盘法是无法检测出结果的，因为部分河道本身水体较清，同时水深又较浅，塞氏盘沉到底时依然能分辨黑白色块，因而此时无法测量其透明度。塞氏盘和透明度计如图 3-7 所示。

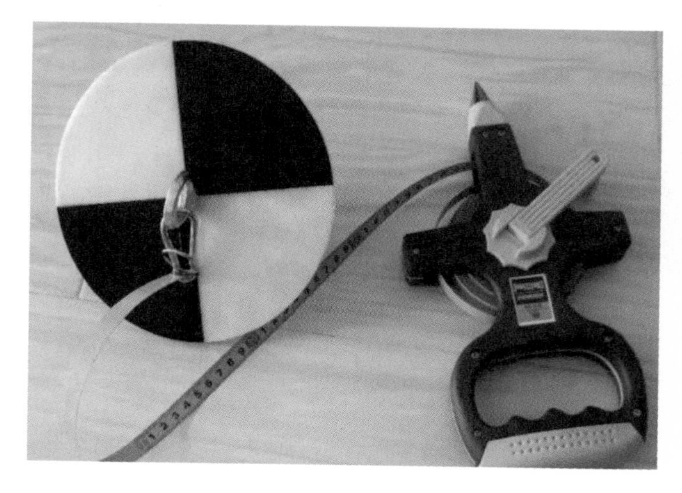

（a）赛氏盘

（b）透明度计

图 3-7 透明度测量工具

（2）测量方法

利用塞氏盘法进行透明度测量时，观测人员应站立在水体旁边，将塞氏盘慢慢沉入水中，待盘面下沉到刚好看不清黑白盘面时，此深度即标记为水体最大透明度。例如，塞氏盘下沉到 2 m 刻度时肉眼开始看不清楚黑白盘面，则水体透明度即为 2 m。

利用透明度计测量透明度时，检验人员将水样首先注满透明度计量筒，从透明度计的筒口垂直向下观察，一边观察量筒底部标准签字印刷符号，一边使用下水口放水，随着水量的减少，原来在量筒底部看不清楚的铅字逐渐显现，此时需降低放水速度，当底部铅字刚好能被清楚地辨认时停止放水，此时的水柱高度为该水体的透明度，读数并记录。

对于河流来说，下雨以及返潮时泥沙较重，此时透明度很小，监测的透明度结果实际并不能反应水的污染程度，应与平时的透明度区分来看，因此最好选取非下雨和非返潮时进行检测。

3.2.2.2 溶解氧测量

（1）测量设备

溶解在水中的分子态氧称为溶解氧，其常用的测量方法有膜电极法、碘量法及其修正法。其中，膜电极法因操作简单、便于实现原位测量而应用更为广泛。膜电极法的测量工具为溶解氧仪，分为在线式、便携式和笔式等（图 3-8）。

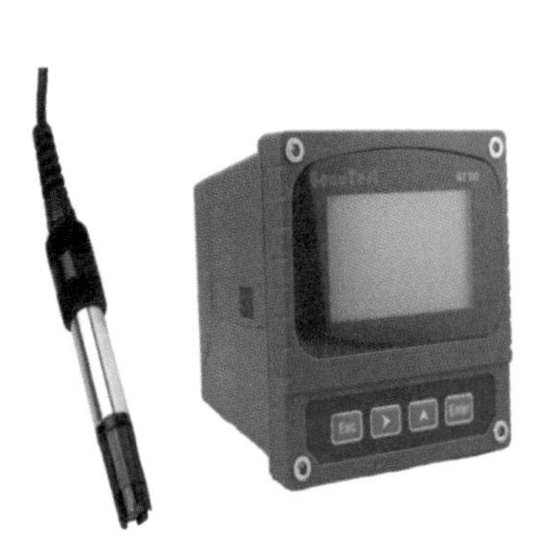

（a）在线式溶解氧仪

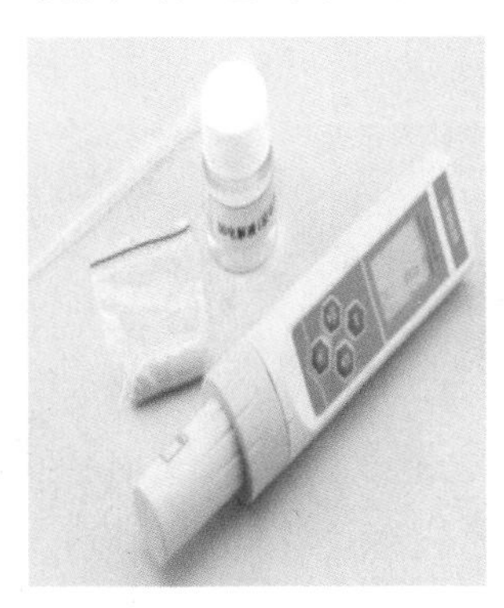

（b）笔式溶解氧仪

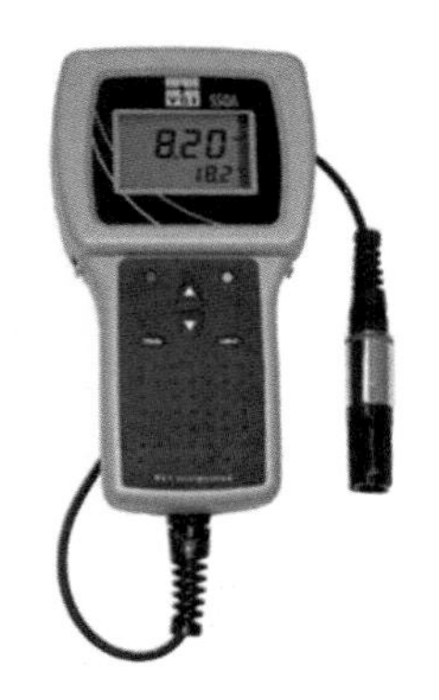

（c）便携式溶解氧仪

图 3-8 溶解氧仪

（2）测量方法

以便携式溶解氧仪为例，测量时应将电极探头放入水体适合的位置，待数值稳定后记录溶解氧测值及温度。使用电极法测量溶解氧的过程中，温度影响较大，应选用有自动温度补偿的设备。

3.2.2.3 氧化还原电位测量

（1）测量设备

氧化还原电位可以反映水溶液中所有物质表现出来的氧化-还原性。测量时必须在现场测定，氧化还原电位测值越大，氧化性越强；测值越小，氧化性越弱；测值为正表示溶液显示出一定的氧化性，为负则说明溶液显示出还原性（引自百度百科）。氧化还原电位测量仪器有笔式数显氧化还原电位计、氧化还原检测仪和手持氧化还原电位计（图 3-9）。

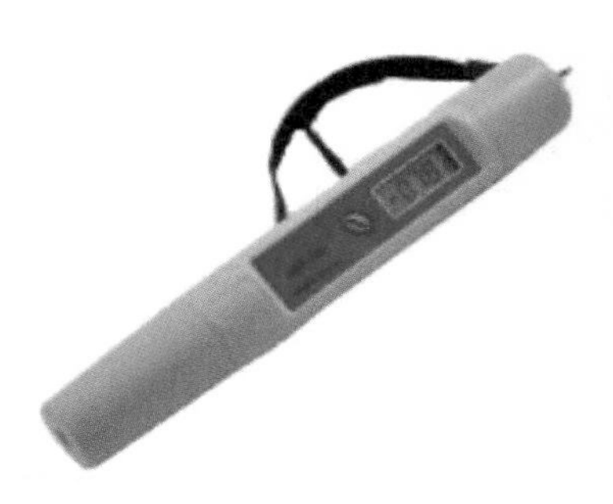

（a）笔式数显氧化还原电位计

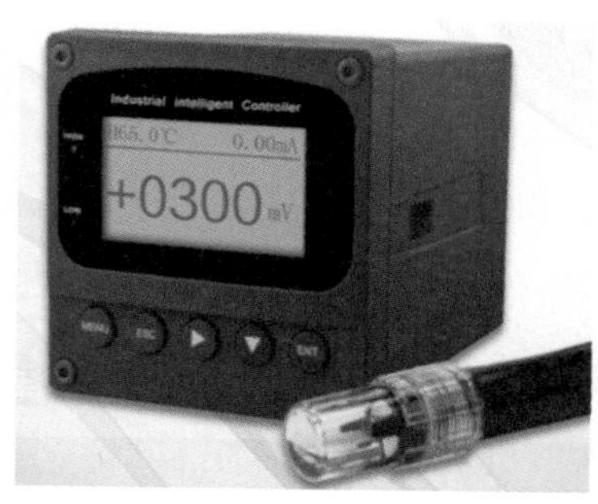

（b）氧化还原检测仪

（c）手持氧化还原电位计

图 3-9 氧化还原电位测量仪器

（2）测量方法

以笔式数显氧化还原电位计为例，测量时首先取水体放入烧杯或其他干净容器中，将电位计下端的保护罩去掉放入水中，样本水量以完全淹没电位计下端的电极为准，待数值稳定读数并记录。

3.2.2.4 氨氮测量

（1）测量设备

水体中的氨氮以游离氨或铵盐的形式存在于水中，来源主要为生活污水。水体中的氨氮测定方法常用的有纳氏试剂分光光度法，测量仪器有氨氮分析仪、便携式氨氮测量仪（图 3-10）。

（a）氨氮分析仪

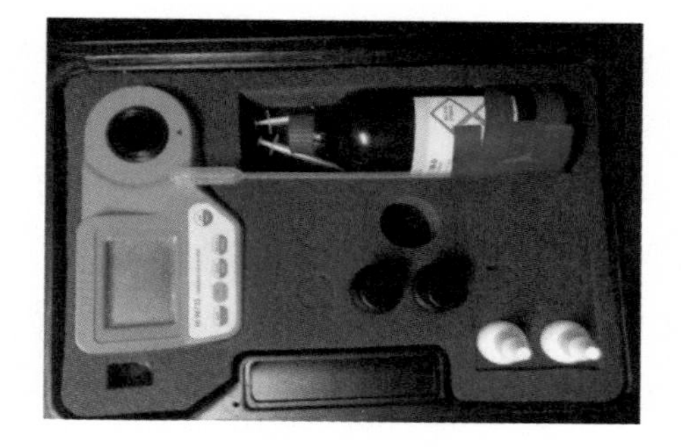

（b） 便携式氨氮测量仪

图 3-10 HI96715 型氨氮微电脑测定仪

（2）测量方法

以便携式氨氮测量仪为例，测量时首先取 1 mL 水样倒入玻璃比色皿中，添加氨氮试剂至 10 mL，然后滴 4 滴硫酸，摇匀放入氨氮微电脑测定仪，长按仪器读数按钮 3 s 左右然后松开，仪器开始倒计时，倒计时结束后仪器显示氨氮含量测值。

3.2.2.5 气溶胶光学厚度测量

（1）测量设备

大气气溶胶是由悬浮在地球大气中具有一定稳定性、沉降速度小的液态或固态粒子所组成的混合物组成的。气溶胶光学厚度是气溶胶的光学属性之一，是表征大气浑浊程度的关键物理量，测量数值在 0～1（0 代表完全不透明大气，1 代表完全透明大气）。气溶胶光学厚度越大，大气透过率越低。

气溶胶光学厚度测量可以使用多光谱旋转遮蔽影带辐射计或手持便携式太阳光度计（图 3-11）。

图 3-11 MICROTOPS Ⅱ型手持便携式太阳光度计

（2）测量方法

以手持便携式太阳光度计为例，测量时应在晴天有光线的环境下打开 GPS，搜到卫星信号；在五通道前盖关闭的情况下打开 MICROTOPS Ⅱ，用数据线与 GPS 连接（连接成功会发出“滴”声）；对比 MICROTOPS Ⅱ实时信息是否与 GPS 一致，若一致即可断开数据线，关闭 GPS。

用太阳光度计 MICROTOPS Ⅱ进行测量时需打开仪器顶部的盖子，顶部的测量窗内有一个金属孔，当进入小孔的太阳光在仪器控制面板的标靶中心形成小光点时，说明已对准太阳，然后按下控制面板上的“Scan”按钮，经过十几秒后测量结束（测量过程中始终保持仪器对准太阳），测量数据会自动存储。

每个采样点测量前都要重新连接 GPS，否则 MICROTOPS Ⅱ里面的经纬度是错误的，计算得到的太阳天顶角和气溶胶光学厚度也是错误的。测量完成后，使用光盘在电脑上安装仪器配套软件，用数据线连接仪器和电脑导出数据。

在大气稳定和太阳没有被遮挡的条件下，太阳光度计在每个站位都要进行测量。在此期间，如停留时间小于 10 min，仪器测量一次；如超过 10 min，均以 10 min 为间隔进行测量。

MICROTOPS Ⅱ的测量数据主要是 440 nm、675 nm、870 nm、936 nm 和 1 020 nm 这 5 个通道的气溶胶光学厚度，而我们常用的是 550 nm 附近的气溶胶光学厚度，因此如果想得到 550 nm 附近的气溶胶光学厚度则需利用 Angstrom 指数估算法。

Angstrom 于 1964 年根据气溶胶 Junge 分布推导出气溶胶垂直光学厚度的简便计算公式$\tau_a = \beta\lambda^{-\alpha}$，式中$\alpha$为波长指数，可用于确定气溶胶类型，计算公式如下：

$$\alpha = \frac{\ln\tau_1 - \ln\tau_2}{\ln\lambda_1 - \ln\lambda_2} \quad (3\text{-}2)$$

$$\beta = \frac{\tau_1}{\lambda_1^{-\alpha}} \quad (3\text{-}3)$$

每个点测量的气溶胶光学厚度数据为 10～15 个，每个测量数据可以得到一个气溶胶光学厚度，最后计算 10～15 个的气溶胶光学厚度的平均值作为本站点的气溶胶光学厚度值。

3.2.3 水质参数室内测量

3.2.3.1 叶绿素 a 浓度测量

（1）测量设备

分光光度计 1 个、1 cm 光程比色皿 2 个、真空泵和过滤器 1～2 套、冰箱、恒温水浴锅、250 mL 量桶 2 个、10 mL 有刻度带塞试管若干、能够放入水浴锅的试管架 1～2 个、镊子 4 个、烧杯 2 个、吸管 4 个。

玻璃纤维滤膜 GF/F（孔径 0.7 μm，直径 47 mm）、定性滤纸、90%乙醇、1 mol/L 盐酸、纯水。

（2）测量方法

采用热乙醇法测量叶绿素 a 浓度时，需冷冻滤膜 24 h 以上并将水样避光保存 4～6 h。水样过滤选择孔径 0.7 μm、直径 47 mm 的（Whatman GF/F）玻璃纤维滤膜，每个样品准备 2 张滤膜用于测量平行样，滤膜不必提前浸泡，但需要清洗，去掉滤膜上的碎屑。具体测量方法如下：

①过滤器漏斗经过清洗安装在过滤装置上，将清洗过的滤膜放在过滤器正中间，用经过摇晃的水样润洗量桶然后倒掉，量取一定体积的水样，记录水样体积数值（V_s）。

②将量取好的水样倒入过滤器漏斗中，打开真空泵过滤水样，然后将滤膜放在定性滤纸上吸干水分；将滤膜对折三次，放入有刻度（一般使用 10 mL 容积）、带塞的试管，盖上盖子，标记样本号；将试管放在试管架上面并放入冰箱，设定–20℃温度下冷冻 24 h 以上；开始萃取叶绿素 a。

③清水加热到 85℃，取若干容积为 500 mL 的干净量桶，先倒入 450 mL 无水乙醇，再倒入 50 mL 纯水，取容积为 250 mL 左右的玻璃烧杯，装入适量体积的 90%浓度的乙醇，用铝箔盖上盖防止挥发；将装有 90%浓度乙醇的烧杯放在恒温水浴锅中加热至 85℃。

④将装有滤膜的试管（连同特制试管架）从冰箱中取出，在每个试管中加入 6～8 mL 85℃的热乙醇，使滤膜完全浸泡在乙醇中。将加入了热乙醇的试管，连同特制的试管架一起放入恒温水浴锅中，在 85℃温度下水浴 2 min。

⑤用黑布包裹水浴后的试管在室温下避光保存，用镊子反复挤压，提取滤膜上的全部液体。

⑥用纯水清洗滤膜、过滤器和漏斗，装好过滤装置，用 90%浓度的乙醇润洗过滤器、接收瓶和漏斗，开始过滤试管中的萃取液。

⑦用少量 90%乙醇冲洗过滤器漏斗，在过滤得到的滤液中加入 90%乙醇，使总容积定容为 10 mL。

⑧测量吸光度，使用分光光度计配合 1 cm 光程比色皿支架。测量前，分光光度计需预热半小时，同时使用 8.28 mL 的浓盐酸加入纯水定容到 100 mL，配制 1 mol/L 稀盐酸备用。

⑨设置分光光度计的波长范围，并测量基线，对样品光线进行定标，利用分光光度计测量加过盐酸的液体在 665 nm 和 750 nm 两个波长的吸光度，连续测量 3 次，检查测量结果是否正确，如果有问题需要重新测量。

⑩如果 E_{750} 和 A_{750} 大于 0.005，表明萃取液中叶绿素 a 浓度过高，在样品过滤时要适当减少体积；如果 E_{655} 和 A_{655} 小于 0.01，表明萃取液中叶绿素 a 浓度过低，在样品过滤时要适当增加体积；如果$(E_{665}-E_{750})/(A_{665}-A_{750})$大于 1.7，表明萃取液酸化不够，可能盐酸失效，需要重新配置盐酸，重新测定。

⑪计算叶绿素 a 浓度，将酸化前后的 3 条吸光度曲线分别求均值，如果测量时发现

3 条吸光度曲线相差较大，则可以测量 4 条吸光度，并去掉偏差较大的曲线，对比较接近的 3 条吸光度取均值。根据式（3-4）计算叶绿素 a 浓度：

$$\text{Chla} = 27.9V_{\text{乙醇}}\left[\left(E_{665} - E_{750}\right) - \left(A_{665} - A_{750}\right)\right] / V_{\text{样品}} \tag{3-4}$$

式中，Chla——叶绿素 a 浓度，mg/m^3；

$V_{\text{乙醇}}$——萃取液定容后的体积，mL；

$V_{\text{样品}}$——水样过滤前的体积，L。

3.2.3.2 悬浮物浓度测量

（1）测量设备

电子天平 1 个、烘干箱 1 个、电阻炉 1 个、真空泵和过滤器 1～2 套、250 mL 量桶 2 个、干燥皿 1 个、培养皿 2 个、镊子 2 个、坩埚若干。

玻璃纤维滤膜（直径 47 mm，孔径 0.7 μm）、定性滤纸、纯水、干燥剂、铝箔。

（2）测量方法

测量无机悬浮物浓度需要经过 2 次大约 10 h 的滤膜煅烧过程，为了避免滤膜吸收水分，要在炉内温度降到 100℃（以免温度降低后水分会进入炉内增加滤膜含水量）以上时将滤膜取出进行后续称重等操作。因此，最好在夜间进行煅烧，在第二天早上开展后续工作。具体测量方法如下：

①选择孔径 0.7 μm、直径 47 mm 的（Whatman GF/F）玻璃纤维滤膜，将滤膜放入盛有纯水的培养皿中清洗，去掉滤膜上可能的碎屑，将清洗后的滤膜放在定性滤纸上吸干水分。

②将坩埚铺上铝箔，再将吸干水分的滤膜铺在铝箔上，然后用铝箔盖在坩埚顶部，防止灰尘落入，在 550℃下将滤膜烘烧 4 h，除去滤膜中的有机物和水分，在程控箱式炉温度降到 150℃左右时将坩埚取出，放入盛有蓝色干燥剂的干燥皿中冷却 2 h 左右至室温。

③选择精度为万分之一克的电子天平，电平里放一小烧杯干燥剂；天平调平，预热半小时（至少 15 min）去皮；注意天平不要放在窗边，关闭门窗和空调以保证天平的稳定。

④将滤膜一次一个从干燥皿中取出，快速放入天平称重，测量质量后的滤膜按照顺序依次放在一些干净的培养皿中，在培养皿边缘用记录笔记录滤膜编号，可以只记录该培养皿中滤膜的起始编号和摆放顺序，因为每个点有 2 个平行样，因此可以记录为 1a、

1b 等。

⑤装好过滤装置，按照顺序夹取一个前面处理并称重过的滤膜放在过滤器正中间，尽量使滤膜处于水平位置；盖紧水样桶的盖子，用力摇晃水样桶 10 s 以上，使水样中的颗粒物分布均匀。

⑥摇晃水样并用量桶量取 100～500 mL 的水样，体积依水样清洁程度而定，水样越清洁，过滤的水样越多，控制水样过滤时间不超过 10 min、不少于 5 min。

⑦使用真空泵过滤，保持压力小于 125 mm 汞柱（约 15 kPa），在滤膜上的液体全部过滤后迅速关闭真空泵，避免空抽；将过滤好的液体放在定性滤纸上，吸收滤膜上过多的水分，防止滤膜在烘干时粘在培养皿上。

⑧将滤膜对折、吸干水分，按顺序放在另外一个干燥、干净的培养皿上面，在培养皿侧面编好号码，培养皿上面盖上铝箔，避免灰尘附着。

⑨待全部水样过滤完成后，将装有滤膜的培养皿放入恒温箱中，在 105℃条件下烘干 6 h。

⑩将烘干的过滤膜迅速放入盛有蓝色干燥剂的干燥皿中冷却半小时左右至室温。将滤膜按顺序一次一个从干燥皿中取出并迅速放入天平，测量滤膜重量，得到滤膜和总悬浮物的重量之和（W_2）并作记录。测量完的滤膜放回带有编号的培养皿中准备后续的煅烧。

⑪将坩埚底层铺上一层铝箔，再将测量后的滤膜依次铺在铝箔上，然后用铝箔盖在坩埚顶部，防止灰尘落入；在 550℃条件下煅烧 4 h，然后将滤膜迅速放入盛有蓝色干燥剂的干燥皿中冷却半小时至室温。将滤膜按顺序一次一个从干燥皿中取出并迅速放入天平，测量滤膜重量，得到滤膜和无机悬浮物的重量之和（W_3）并作记录。

⑫计算悬浮物浓度。

总悬浮物浓度按式（3-5）计算：

$$\mathrm{TSS} = (W_2 - W_1) / V_s \tag{3-5}$$

无机悬浮物浓度按式（3-6）计算：

$$\mathrm{ISS} = (W_3 - W_1) / V_s \tag{3-6}$$

有机悬浮物浓度按式（3-7）计算：

$$\mathrm{OSS} = (W_2 - W_3) / V_s \tag{3-7}$$

⑬检查 W_2-W_1 的值，如果小于 0.001 5 g，说明水样过滤体积太少，会导致测量得到的悬浮物浓度误差比较大，需要重新测量，过滤更多的水样。

⑭天平要放在稳定的天平台上，使用前要调平，尽量放在干燥的地方，不要被太阳直射，因此不要放在窗口；要避免空气流动，因此要关闭门窗和空调，天平使用时要预热 30 分钟，等读数稳定后再开始测量，如果稳定后的读数不为 0，那么按一下“去皮”键使读数归零。利用天平测量滤膜重量时，在读数第一次稳定后就记录读数，后面滤膜会随着吸收水分的增加而增加重量。

⑮如果 2 个空白膜测量的 W_3 明显小于 W_2，说明第二次煅烧时滤膜仍有质量损失，有机物浓度被高估了，无机悬浮物浓度被低估了，因此可以在每个滤膜的 W_3 上加上空白滤膜的（W_2-W_3）的值。

3.2.3.3 可溶性有机碳测量

可溶性有机碳采用总有机碳分析仪测量。首先用直径为 47 mm 的玻璃纤维滤膜（Whatman GF/F）过滤一定的水样，然后利用岛津总有机碳分析仪测量溶解性有机碳。

3.2.3.4 总磷、总氮测量及室内测量氨氮

总氮采用过硫酸钾高压消解法[3]测定。加入过硫酸钾和氢氧化钠的混合溶液到一定体积的水样中，在 120℃下加热分解 30 min，再冷却至室温，水样中的氨氮、亚硝酸盐、有机氮被氧化成硝酸盐。配制不同浓度梯度的氮标，测量其吸光度。取上清液，用紫外分光光度计测量 210 nm 处的吸光度，根据氮标的浓度与吸光度之间的线性关系计算得出总氮的浓度。

总磷采用钼锑抗分光光度法[4]。在酸性条件下，水样中的正磷酸盐与钼酸铵、酒石酸锑钾反应生成磷钼杂多酸。将消解的水样冷却至一定温度后取部分样品，加入抗坏血酸溶液充分混匀，生成磷钼蓝（蓝色络合物），然后测量 700 nm 处的吸光度值，以超纯水作参比，进而计算水中的总磷浓度值。

氨氮采用纳氏试剂分光光度法进行测定。配制不同浓度梯度的氨氮标准液，加入酒石酸钾溶液摇匀，再加入纳氏试剂摇匀。纳氏试剂中的碘化汞和碘化钾在碱性条件下与氨反应生成淡黄棕色胶态化合物，其色度与氨氮含量成正比。放置 10 min 后，在波长 420 nm 下以超纯水作参比测量吸光度，进而计算水中的氨氮浓度值。

3.2.3.5 光束衰减系数测量

（1）测量设备

分光光度计 1 台、5 cm 光程比色皿 2 个、50 mL 量桶 1 个、超纯水 1 000 mL。测量

吸光度时，需要将水样恢复至室温，由于水样桶中的水温上升很慢，可以先将水样桶中的水体倒入带盖的玻璃瓶中存放。

（2）测量方法

光束衰减系数测量前需提前将分光光度计开机并预热半小时，水要放至室温再测量，具体测量方法如下：

①分光光度计换上 5 cm 光程比色皿支架，选择 2 个 5 cm 光程的比色皿用超纯水润洗，液面高度至少达到比色皿高度的 80%，将比色皿用擦镜纸擦干净（擦拭两个透光面时要从上到下轻轻擦拭）；将比色皿放入分光光度计的支架上，要放在有夹条的一端且要放平，两个比色皿的标记方向要一致；字母为一个方向，2 个比色皿大致位置要一致。

②分光光度计自检、归零，单击“编辑→方法”菜单设置波长测量范围为 350～900 nm，测量基线。取出样品比色皿，将其中的超纯水倒掉；盖紧水样桶的盖子，摇晃水样桶，润洗经过纯水清洗的量桶。轻轻摇晃盛有水样的量桶，然后迅速将量桶中的水样倒入样品比色皿中，倒入的水样大约达到比色皿高度的 1/3，润洗比色皿后倒掉。

③再次轻轻摇晃呈有水样的量桶，然后迅速将量桶中的水样倒入样品比色皿中，液面高度至少达到比色皿高度的 80%，将样品比色皿的盖子盖上，轻轻摇匀避免产生气泡，将样品比色皿拿出来盖上盖子，摇匀，再放入分光光度计的比色皿支架，测量一条吸光度并连续测量 3 次。

④将 3 条吸光度曲线求均值，如果测量时发现 3 条吸光度曲线相差较大，则测量第 4 条吸光度，再去掉偏差较大的曲线，将比较接近的 3 条吸光度取均值。

根据式（3-8）计算得到各波段的光束衰减系数：

$$C = 2.303D(\lambda) / r \tag{3-8}$$

式中，$D(\lambda)$——吸光度；

r——比色皿光程，m。

因为测量液体的吸光度相对稳定，可以每 2 小时做一次基线，测量完一个样品时将样品比色皿中的样品倒掉，再用纯水清洗比色皿；如果比色皿不干净，可以先用乙醇浸泡，再用纯水充分清洗。

3.2.3.6 有色可溶性有机物（CDOM）吸收系数测量

（1）测量设备

分光光度计 1 台、5 cm 光程比色皿 2 个、真空泵和过滤器 1～2 套、培养皿 2 个、镊子2个、30 mL量桶2个，Millipore滤膜(直径25 mm，孔径0.22 μm)或Whatman Nuclear滤膜（直径25 mm，孔径0.2 μm）、超纯水。

（2）测量方法

①过滤水样选择直径25 mm、孔径0.22 μm的Millipore聚碳酸酯表面滤膜或孔径0.2 μm的Whatman Nuclear聚碳酸酯表面滤膜。将滤膜浸泡在含有10%盐酸的培养皿中15 min以上，装好过滤装置，过滤水样。如果水样比较清洁，可以一次过滤50 mL；如果水样比较浑浊，可以过滤25 mL液体。取下过滤器接收瓶，用铝箔盖上盖子防止落灰，待用。如果4 h内测量，可将接收瓶放在室温避光处保存；如果4～24 h内测量，接收瓶应冷藏避光处保存，将来测量时要等水温升至室温时再测量，不建议保存超过24 h。

②分光光度计预热及比色皿清洗、安放等步骤与3.2.3.5节中测量方法步骤①、②基本一致，不同的是此处分光光度计的波长范围应设置为240～800 nm。

③计算CDOM吸收系数。

根据式（3-9）、式（3-10）计算得到各波段的吸收系数：

$$a_{\mathrm{CDOM}}(\lambda') = 2.303D(\lambda)/r \tag{3-9}$$

式中，$a_{\mathrm{CDOM}}(\lambda')$——未经散射校正的吸收系数，$m^{-1}$；

D（λ）——吸光度；

r ——光程路经，m。

④由于过滤的滤液中可能残留细小颗粒而引起散射，因此需要进行散射校正。

$$\hat{a}_{\mathrm{CDOM}}(\lambda) = a_{\mathrm{CDOM}}(\lambda) - a_{\mathrm{CDOM}}(\lambda_{\mathrm{null}}) \tag{3-10}$$

式中，$\hat{a}_{\mathrm{CDOM}}(\lambda)$——经过散射校正的吸收系数；

$a_{\mathrm{CDOM}}(\lambda_{\mathrm{null}})$——散射校正项。

其波长的选择要根据水体中CDOM的含量决定，含量越高，λ_{null}向长波移动；反之含量越低，λ_{null}向短波移动。实际应用时，可以首先计算每连续10 nm的a_{CDOM}（λ）均值，然后求这些均值的最小值，作为$a_{\mathrm{CDOM}}(\lambda_{\mathrm{null}})$。

⑤因为测量液体的吸光度相对稳定，可以每2 h做一次基线。测量完一个样品时将样品比色皿中的样品倒掉，再用纯水清洗比色皿；如果比色皿不干净，可以先用乙醇浸泡，再用纯水充分清洗。

3.2.3.7 颗粒物吸收系数测量

（1）测量设备

分光光度计、滤膜支架、真空泵、过滤器、培养皿、量桶、镊子、玻璃纤维滤膜（孔径 0.7 μm，直径 25 mm 或 47 mm）、定性滤纸、纯水。

（2）测量方法

①过滤水样。选择孔径 0.7 μm、直径 47 mm 或 25 mm 的（Whatman GF/F）玻璃纤维滤膜，将滤膜放入盛有纯水的培养皿中浸泡 40～60 min，清洗碎屑。装好过滤装置，夹取一个经过浸泡和清洗的滤膜放在过滤器正中间，尽量使滤膜处于水平位置，盖紧水样桶的盖子用力摇晃 10 s 以上，使水样中颗粒物分布均匀，用经过摇晃的水样润洗经过纯水清洗的量桶然后倒掉。

②如果前面润洗量桶的时间较长，则需要再次用力摇晃水样桶，避免水样桶中的颗粒物沉淀。用量桶量取前面体积的水样，具体计算公式如下：

使用 47 mm 直径滤膜时：

$$V_s = 2\,379.8 \times \mathrm{TSS}^{-0.731\,4} \tag{3-11}$$

式中，总悬浮物浓度 TSS 的单位是 mg/L，V_s的单位是 mL。

使用 25 mm 直径滤膜时：

$$V_s = 0.25 \times 2\,379.8 \times \mathrm{TSS}^{-0.731\,4} \tag{3-12}$$

③将计算得到的水样体积向下取整，作为将来过滤水体的真正体积。值得注意的是，由于同一次实验不同采样点的浑浊程度不同，不同采样点过滤水体的体积可以不同。对于比较清洁的水体要过滤更多的水样。一般过滤水样的时间不少于 5 min，如果少于 5 min，可以考虑过滤更多的水样。

④平视量桶刻度，用滴管微调水样的体积，确保体积量取的准确性，记录量桶量取的体积数值（V_s）。轻轻摇晃盛有水样的量桶，避免水体中的颗粒物沉淀，同时要避免水样洒出量桶，然后迅速将量桶中的水样倒入过滤器漏斗中，打开真空泵过滤水样。开始过滤时压力不要过大，不要超过 0.8 MPa 以免造成漩涡导致悬浮物在滤膜上分布不均匀。

⑤保持压力小于 125 mmHg（约 15 kPa）过滤水样，如果需要过滤的水样体积很大不能一次性倒入过滤器漏斗，那么一定要在漏斗中的水体过滤完之前倒入后面的水样，

以免倒入后面的水样时将滤膜上已经附着的颗粒物冲散。

⑥量桶中的水样倒光后，在漏斗中水样液面高度低于1/5前用纯水轻轻冲洗漏斗四壁，将漏斗四壁上附着的颗粒物冲到水样中。

⑦在滤膜上的液体全部过滤好时迅速关闭真空泵，避免空抽，水样过滤完毕后用镊子小心将过滤好的滤膜取下，放在滴了一滴纯水的培养皿上备用。

⑧量桶中的水样倒光后，不需要再用纯水冲洗量桶四壁后倒入漏斗，因为前面用水样润洗时量桶四壁可能已经附着了一些颗粒物，如果水样倒光后再用纯水冲洗量桶四壁倒入漏斗则会虚假提高颗粒物的含量。最好尽快测量过滤好的滤膜，防止滤膜水分蒸发和落上灰尘。

⑨测量吸光度。分光光度计换上积分球（或滤膜支架），开机预热半小时；在培养皿中用纯水清洗2张滤膜，清洗时小心地用镊子将滤膜在纯水中轻微摆动，以免破坏滤膜；将清洗后的2张滤膜放在已经用纯水打湿的定性滤纸上，吸去过多的水分，然后放在滴了一滴纯水的培养皿上备用。

⑩将这2张湿润的滤膜放在分光光度计的积分球（或滤膜支架）上。如果使用积分球，那么将滤膜放在积分球的两个入口，有颗粒物的一面朝向积分球的外面；如果不使用积分球，那么将滤膜支架尽量放在光线接收端以减少散射损失的影响，有颗粒物的一面朝向支架的外面。

⑪分光光度计自检、归零，设置波长测量范围为350～900 nm，测量基线。测量参比滤膜的吸光度，应该小于±0.005，而且要在0值上下跳动，如果不符合要求，需要重新做基线。每做1～2个水样就应该重新做一次基线，需要将参比膜取下来，放在经过纯水打湿的培养皿上和另外一个作对比的空白滤膜一起用纯水打湿，然后再放在滤膜支架上测量基线。

⑫将一张空白滤膜从积分球（或支架）上取下，放在滴有一滴纯水的培养皿上备用，用镊子取一张前面过滤得到的滤膜放在滴了一滴纯水的培养皿上，然后放在积分球（或支架）上。测定过滤后滤膜的吸光度，要尽量提高测量速度，保证参比膜和待测膜同样湿润。将滤膜稍稍挪动一下位置，再测量1条吸光度，连续测量3次。

⑬如果3条曲线相差较多，可以测量第4条（由于后续还会进行散射校正，因此形状一致、上下平移一些影响不大）。单击“操作-数据打印”菜单会显示测量的样品吸光度数据，将其拷贝到Excel表格中。

⑭计算颗粒物吸收系数。利用游标卡尺测量滤膜上颗粒物覆盖面积的直径，检查测

量的吸光度 OD_{fp}（λ）是否符合以下要求：

$$OD_{fp}(440) \leqslant 0.4$$

$$0.05 < OD_{fp}(675) \leqslant 0.25$$

如果值偏大，需要重新过滤更少体积的水样进行测量；如果值偏小，需要重新过滤更多体积的水样进行测量。

⑮将 3 条吸光度曲线求均值，如果测量时发现 3 条吸光度曲线相差较大，则应测量第 4 条吸光度，再去掉偏差较大的曲线，将比较接近的 3 条吸光度取均值。

⑯散射校正原理与 a_{CDOM} 散射校正是一致的。

$$OD_{fp}(\lambda) = OD_{fp}(\lambda) - OD_{fp}(\lambda_{null}) \tag{3-13}$$

式中，$OD_{fp}(\lambda)$——经过散射校正的吸收系数；

$OD_{fp}(\lambda_{null})$——散射校正项。

散射校正波长的选择要根据水体中颗粒物的含量决定，含量越高，λ_{null} 越向长波移动；反之含量越低，λ_{null} 越向短波移动。实际应用时，可以首先计算每连续 10 nm 的 $OD_{fp}(\lambda)$ 均值，然后求这些均值的最小值作为 $OD_{fp}(\lambda_{null})$。

⑰放大因子校正可采用如下公式：

$$OD_s = 0.378OD_{fp} + 0.523OD_{fp}^2 OD_f \leqslant 0.4 \tag{3-14}$$

式中，OD_s——校正后滤膜上的悬浮物吸光度；

OD_{fp}——直接在仪器上测定的滤膜上的悬浮物吸光度。

⑱吸收系数计算可采用如下公式：

$$a_p(\lambda) = 2.303 \cdot \frac{S}{V} OD_s(\lambda) \tag{3-15}$$

式中，V——水样过滤体积；

S——沉积在过滤膜上的颗粒物的有效面积。

⑲在测定悬浮物和非色素颗粒物实验的过滤中要注意过滤频率，不可使过多的滤膜暴露在空气中等待测量，这样可能会由于滤膜的湿度不同、藻类在光照条件下部分分解而导致误差，在滤膜吸光度的测量过程中要始终保持滤膜湿润。

3.2.3.8 非色素颗粒物吸收系数测量

（1）测量设备

分光光度计、滤膜支架、真空泵、过滤器、培养皿、量桶镊子、玻璃纤维滤膜（孔径 0.7 μm，直径 25 mm 或 47 mm）、定性滤纸、纯水、次氯酸钠溶液。

（2）测量方法

非色素颗粒物吸收系数的测量步骤比颗粒物吸收系数的测量多一步“氧化色素”，其他步骤是一致的，计算方法（包括散射校正）也是一致的。用于氧化色素的试剂为次氯酸钠，氧化的对象是过滤后的滤膜。

①按照颗粒物吸收系数测量步骤完成测量后，将滤膜平放于过滤器漏斗上，沿漏斗滴入少量次氯酸钠溶液，使液体与滤膜充分接触，次氯酸钠溶液的体积大约 1.2 mL。在漏斗上盖上铝箔以防止灰尘落入，浸泡 5～10 min（时间过短可能会导致叶绿素 a 氧化不充分，时间过长可能会导致滤膜变形，影响后面测量吸光度）。如果期间发现液面下降露出滤膜，可以补充 2 滴次氯酸钠溶液。沿漏斗轻轻倒入 50 mL 纯水，打开真空泵进行过滤，清洗滤膜上附着的次氯酸钠溶液和色素；待滤膜上的液体全部过滤好时迅速关闭真空泵，避免空抽。

②水样过滤完毕后，用镊子小心地将过滤好的滤膜取下放在滴了一滴纯水的培养皿上备用（注意：最好尽快测量过滤好的滤膜，防止滤膜水分蒸发和落上灰尘）。用来做参比的两张空白滤膜也要和样本滤膜一样处理，然后放在分光光度计积分球（或支架）上做基线。将氧化后的滤膜放在支架上测量吸光度，具体步骤和方法与颗粒物吸收系数测量相同。

③在测量吸光度时要注意曲线不能在 675 nm 附近出现峰值，如果出现峰值，说明藻类的氧化不充分，此时需要重新氧化一遍，加大次氯酸钠溶液（或甲醇溶液）的体积。

3.2.3.9 遥感影像的获取与处理

（1）数据获取

获取与地面试验同步过境的卫星遥感影像，筛选使用空间分辨率和光谱分辨率较高的影像，如国内的高分一号、高分二号，国外的 WorldView 系列、Quickbird 系列卫星影像等。

（2）数据处理

对图像处理过程（以高分二号影像为例）包括复原融合、几何精校正、辐射定标、大气校正和水体提取等步骤，如图 3-12 所示。

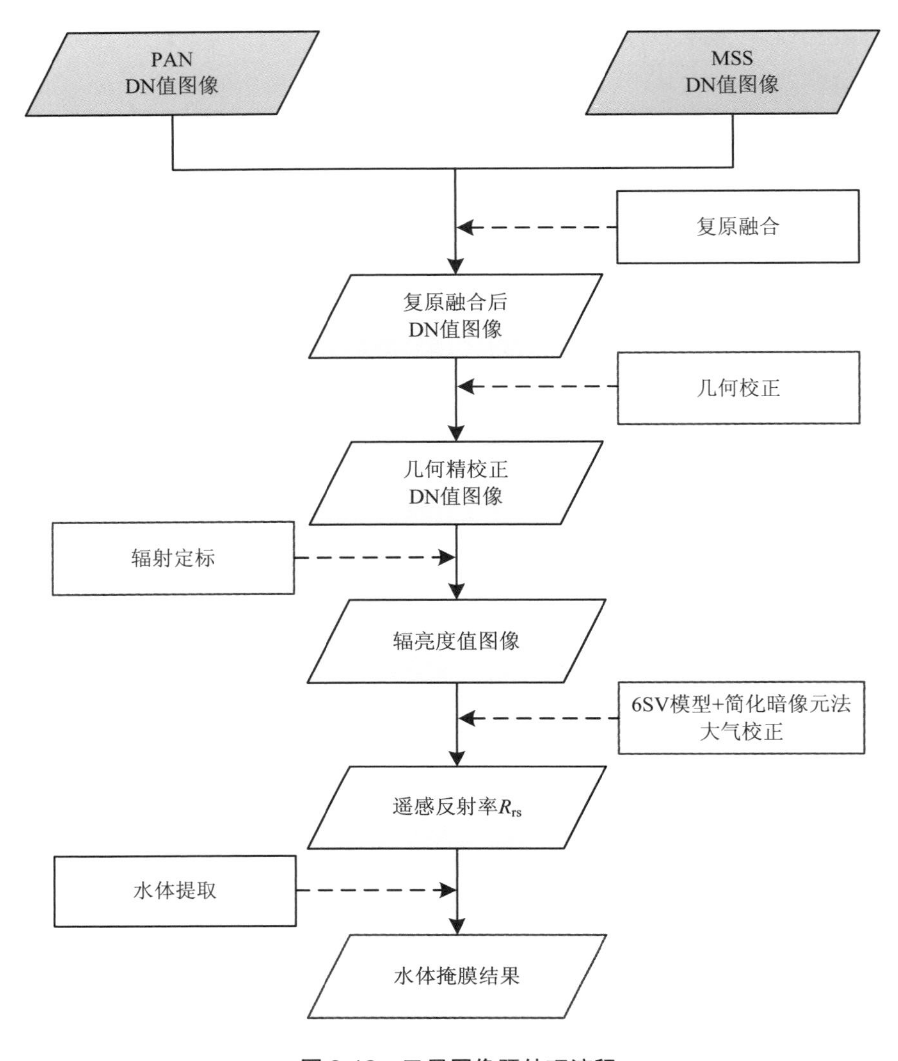

图 3-12 卫星图像预处理流程

首先，需要对全色和多光谱影像进行复原融合；其次，利用自带的 RPC 参数进行正射校正，并参照 Google earth 控制点进行几何精校正或使用像素工厂进行镶嵌拼接；再次，使用中国资源卫星数据与应用中心公布的绝对辐射定标系数（中国资源卫星中心，2016）进行绝对定标，再利用 6S 大气校正模型结合相对辐射归一化，计算遥感反射率 R_{rs}（λ）；最后，对图像使用 NDWI（Normalized Difference Water Index）归一化水体指数法或面向对象分类法进行水体提取，并使用 ROI（Region of Interest）感兴趣区修改水体掩膜，剔除河岸附近明显的混合像元，再利用实测水面光谱与水质参数进行建模并反演水质参数。

3.2.4 标准数据集整理

标准数据集（表格、照片、采样点点位图）的整理主要包括 3 个部分，分别为数据整理、现场照片和其他文件整理。

试验数据的处理主要包括两部分：一是野外试验采集数据的整理，包括水面光谱数据的整理和现场试验参数，即溶解氧、透明度、氨氮、氧化还原电位等数据的整理；二是室内试验数据的整理，主要包括叶绿素 a、a_{p}、a_{d}、悬浮物、a_{CDOM} 等试验数据的整理。

在进行星地同步试验的过程中，必须使用相机拍摄记录现场水面及天空光状况、周围环境情况，以便于在数据分析的过程中更好地了解现场情况。

其他文件主要包括水系矢量、野外采样点实际点位、采样点位出图等内容。

3.3 东北某城市试验方案示例

2016 年 9 月，在东北某城市开展了一次星地联合试验，试验方案的设计及其数据集的整理示例如下：

3.3.1 试验目的与点位设计

3.3.1.1 试验目的

GF-1（高分一号）或 GF-2（高分二号）卫星过境前后 3 h 内采集东北某城市 15 个左右清洁水体水样点的水体表观遥感反射率、气溶胶光学厚度、水深、浊度、透明度等参数作为清洁水体样本，获取 15 个左右重度黑臭水体在 GF-1 或 GF-2 卫星过境前后 3 h 内的相同参数作为黑臭水体样本。现场采样水体经低温保存带回实验室实测，获得研究区水体叶绿素 a 浓度、总悬浮物浓度、有机颗粒物浓度、无机颗粒物浓度、CDOM、COD、BOD_5、总氮、总磷、氨氮等参数。对比分析黑臭水体与清洁水体的光谱特征，建立黑臭水体识别模型和估算辽河流域水库或河流的典型水质参数（叶绿素 a、悬浮物浓度、浊度、水体颜色）反演模型。

3.3.1.2 点位设计

（1）利用 Google earth 卫星影像、百度街景地图等查看试验区总体水系分布状况，并结合地方统计名单筛选出疑似黑臭水体和清洁水体，并通过街景地图结合道路交通状况、点位是否方便进行试验等因素在两类水体中预设点位，预设点数量最好为试验所需点位的两倍左右，即两类水体各 30 个预设点。

（2）彩色打印预设点位截图，并将点位作为收藏点保存于手机百度地图中。安排两名试验人员携带溶解氧仪、透明度盘、透明度仪、氨氮测试仪、氧化还原电位计到试验区预设点位处现场测量相关参数，根据预设点位所在水体的水质状况、水体分布状况、卫星过境时间及现场试验条件，筛选出典型的黑臭水体采样点与典型清洁水体采样点各 15 个左右。

（3）确定试验点位后，将手机百度地图中存储的多余预设点位删除，保留即将进行采样、测量的试验点位，并绘制点位分布图。

经过现场筛查，东北某城市浑河水体清洁可作为清洁水体样本，设计采样点位 17 个，具体点位及布设情况如图 3-13 所示。

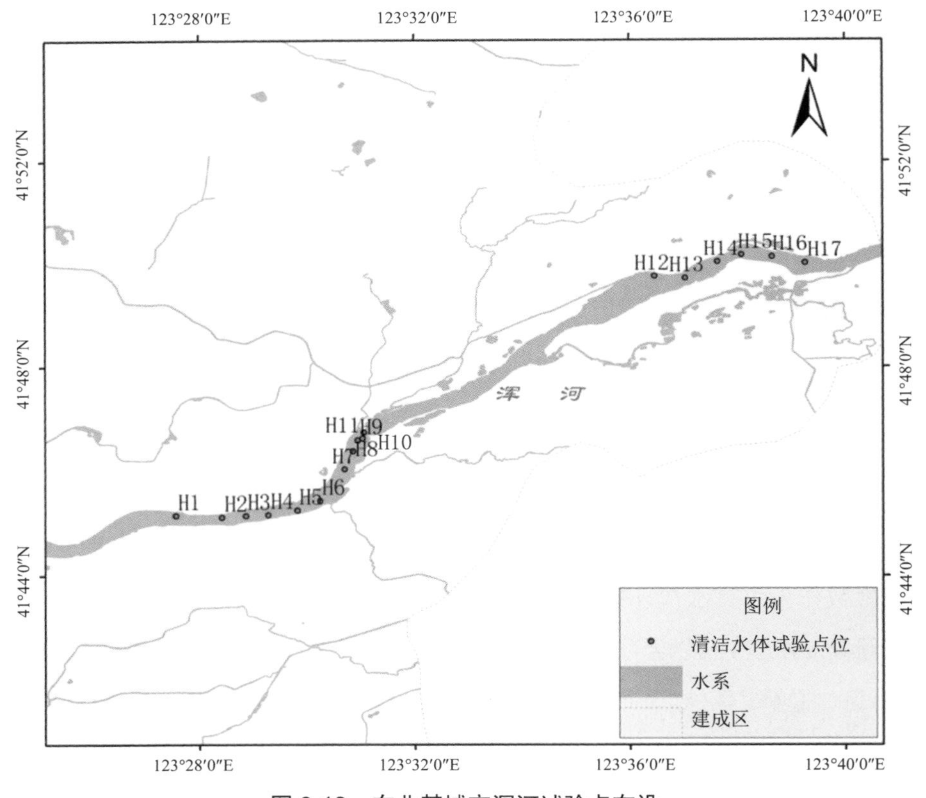

图 3-13　东北某城市浑河试验点布设

经过现场筛查，典型黑臭水体样本设计采样点位 18 个，具体点位及布设情况如图 3-14 所示。

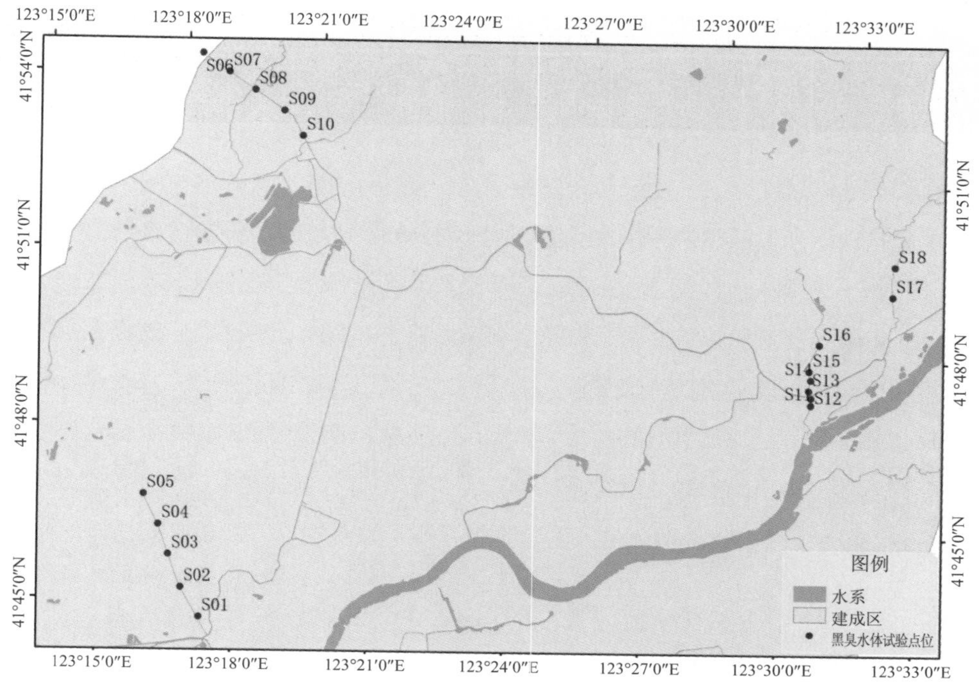

图 3-14 东北某城市建成区黑臭水体试验点布设

3.3.2 试验部署

3.3.2.1 仪器与人员安排

试验参加人员为 8 人，所涉及的仪器及相应测量项目需在试验前进行详细安排，如表 3-3 所示。

表 3-3 试验仪器及负责人统计

浑河试验组				黑臭试验组			
仪器名称	负责人	测量内容	备注	仪器名称	负责人	测量内容	备注
ASD 光谱仪×1、电池×2	陈× 孟×	测量水面光谱		ASD 光谱仪×1、电池×2	曹× 许×	测量水面光谱	
配套笔记本电脑×1				配套笔记本电脑×1			
灰板×1				灰板×1			
手持杆×1				手持杆×1			
				溶解氧仪×1		测量水体 DO	

浑河试验组				黑臭试验组			
仪器名称	负责人	测量内容	备注	仪器名称	负责人	测量内容	备注
采水器×1	何×	现场采集水样	每个点1.5～2 L水，用矿泉水瓶	采水器×1	赵×	现场采集水样	每个点1.5～2 L水，用矿泉水瓶
保温箱×1				保温箱×1			
水样桶×2、记号笔、剪刀、防水胶布、线绳				水样桶×2、记号笔、剪刀、防水胶布、线绳			
透明度盘×1		测量透明度		透明度盘×1		测量透明度	
水深计×1		测量水深					
MICROTOPS II 光度计×1	姚×	测量气溶胶		氧化还原电位计×1、pH计×1	赵×	测量水体ORP和pH值	
风速风向仪×1		风速、风向		手持气象站×1		测量风速、温度、湿度等	
GPS×2		定位导航		GPS×2		定位导航	
专用数据记录本、签字笔、相机		记录数据、拍照		专用数据记录本、签字笔、相机		记录数据、拍照	
5号电池、透明胶布、插线板、救生衣、帽子、防水手套、喷壶	陈×	检查		5号电池、透明胶布、插线板、帽子、防水手套、喷壶	曹×	检查	

3.3.2.2 时间安排

根据相关卫星过境时间安排地面试验时间，保证在卫星过境前后3 h内尽可能多地测量试验参数，卫星过境时间如表3-4所示。

表3-4 2016年9月卫星过境时间

卫星	过境时间	侧摆角
GF-2	2016/9/14 10:57	–10.12°
GF-1	2016/9/15 11:14	–7.4°
GF-1	2016/9/19 11:12	–11.64°
GF-2	2016/9/19 10:58	–7.54°
GF-2	2016/9/24 10:59	–4.93°
GF-2	2016/9/29 11:01	–2.29°

根据卫星过境时间，设计试验时间为2016年9月17日—2016年9月21日，共计5日，具体日程安排如表3-5所示。

表 3-5 试验日程安排

日期	工作内容	备注
9 月 17 日	充电、装箱	
9 月 18 日	到达试验区，现场踏勘	
9 月 19 日	开展实验	
9 月 20 日	实验、送水样	测量化学需氧量、生化需氧量、氨氮等
9 月 21 日	检查试验数据并返程	所带水样需冰块降温

3.3.3 东北某城市试验数据集示例

3.3.3.1 东北某城市试验数据整理

试验数据的整理包括野外试验数据的整理与室内试验数据的整理。野外试验数据主要包括测量时间、经纬度、风速、风向、天气状况、透明度等，具体试验参数见 3.1 节表 3-1，室内试验数据相关内容见 3.1 节表 3-2。

试验后需尽快将试验数据整理成电子表格，将原始数据进行归档整理并保存。遥感反射率在完成试验后需及时进行整理，整理的方法及过程在 3.2.1 节中已进行了详细介绍，在此仅以东北某城市黑臭水体试验为例显示其整理结果，由于遥感反射率数值众多，此处只展示用反射率绘制的遥感反射率与波段对应关系曲线（图 3-15）。

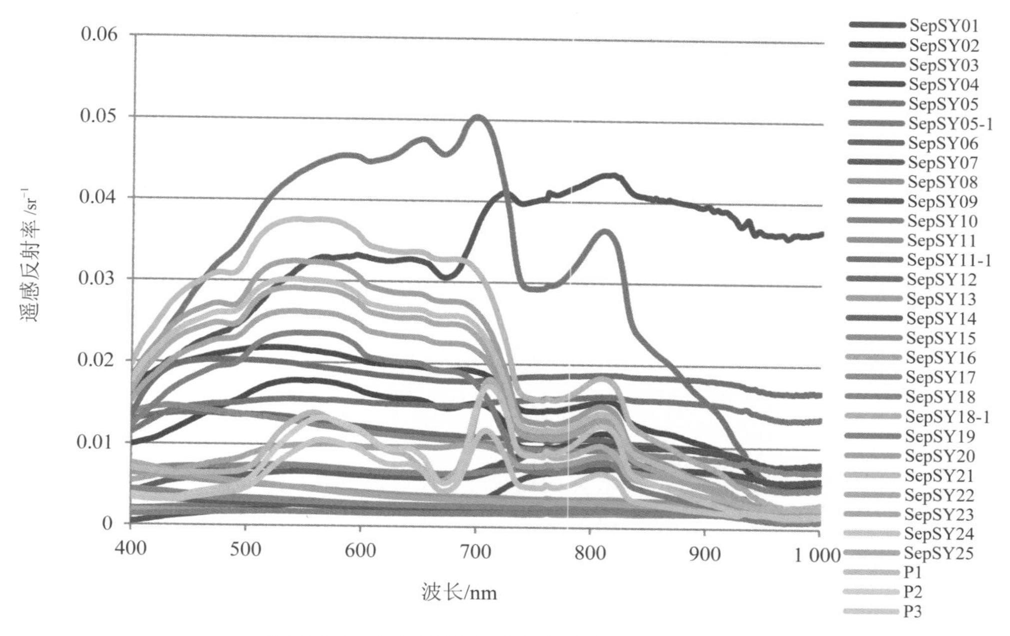

图 3-15 东北某城市黑臭水体实测遥感反射率

3.3.3.2 现场照片

野外试验完成后应及时将现场照片进行整理分类，并按照采样点编号分组存储、分类保存，以便在数据分析时能快速、准确地找到相应的现场相片，了解实地情况（图 3-16）。

（a）20160920-02-140127

（b） 20160919-16-143111

图 3-16 东北某城市黑臭水体照片编号示例

图 3-16（a）为东北某城市野外试验 2016 年 9 月 20 日采集的影像，前八位编号 20160920 为日期，中间编号为照片所处采样点点号 02，末尾六位编号为照片编号 140127。图 3-16（b）为 2016 年 9 月 19 日第 16 号采样点编号为 143111 的照片。

3.3.3.3 其他文件

在野外试验之前已经设计好了点位，但是到现场实际采样试验过程中很可能由于特殊原因未能到达设计点位进行试验。当试验点位有变动时，需要精确记录下变动后的点位坐标，回到室内后绘制实际采样的点位图。如图 3-17 所示，设计采样点位为 18 个，但实际采集点位增加到 23 个，且部分采样点位有变动。

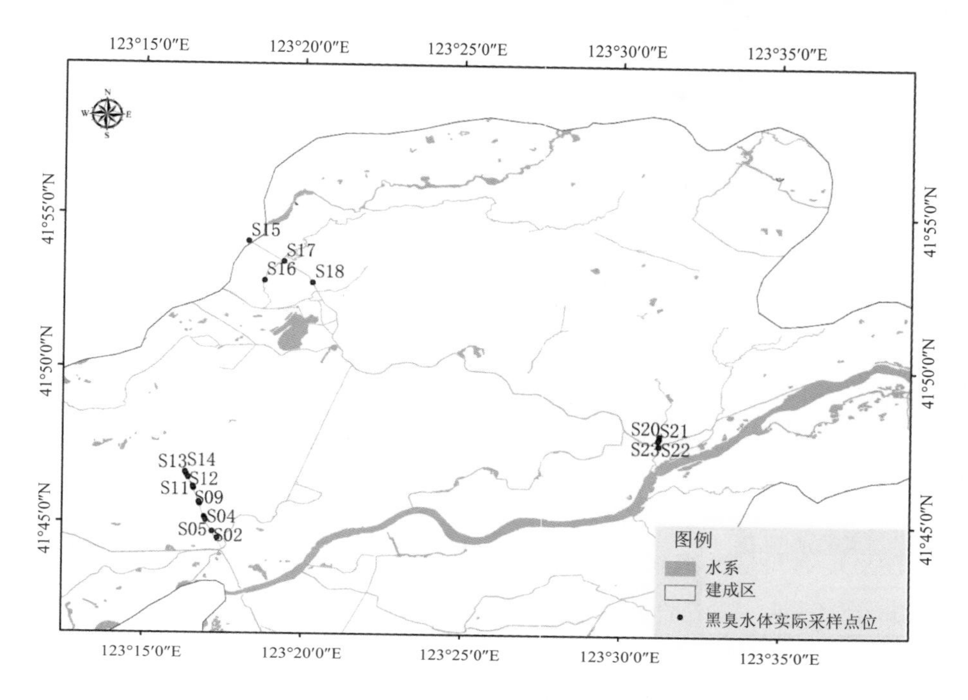

图 3-17 东北某城市实际采样点位

参考文献

[1] MobleyCD. Estimation of the remote-sensing reflectance from above-surface measurements[J]. Applied Optics，1999，38（36）：7442-7455[DOI：10.1364/AO.38.007442].

[2] Gordon H R. Atmospheric correction of ocean color imagery in the earth observing system era[J]. Journal of Geophysical Research Atmospheres，1997，102（D14）：17081-17106[DOI：10.1029/96JD02443].

[3] 寇彦巧，曾祥春. 城市污水总磷的测定——过硫酸钾高压消解、氯化亚锡分光光度法验证[J]. 琼州大学学报，2003（5）：30-32.

[4] 丁春荣，石慧. 钼锑抗分光光度法测定总磷问题的讨论[J]. 污染防治技术，2009，22（4）：106-108.

4 城市黑臭水体生物光学特征

4.1 城市黑臭水体水质参数特征

本节主要分析黑臭水体与非黑臭水体这两种类型水体的水质参数特征，主要包括总悬浮物（TSM）、有机悬浮物（OSM）、无机悬浮物（ISM）、透明度（SD）、叶绿素（Chla）、可溶性有机碳（DOC）6 种对光学特性有影响的水质参数，以及溶解氧（DO）、氧化还原电位（ORP）、总磷（TP）、总氮（TN）、氨氮（NH_3-N）、硫化物（Sulfide）共 6 种生物化学参数。

4.1.1 对光学特性有直接影响的水质参数

表 4-1 为 2016—2017 年采集的城市黑臭与非黑臭水体的水质参数数据。

表 4-1 2016—2017 年城市黑臭水体与非黑臭水体的光学水质参数

种类	黑臭（水体）		非黑臭（水体）	
参数	范围	平均值±标准差	范围	平均值±标准差
Chla/（μg/L）	1.11～448.72	53.85±81.54	0.02～519.56	74.95±89.05
DOC/（mg/L）	1.95～37.84	7.61±5.30	1.84～23.98	5.81±2.76
TSM/（mg/L）	5.00～397.50	43.74±41.87	3.20～337.00	33.57±48.59
ISM/（mg/L）	0.88～241.66	26.75±34.62	0.85～315.50	22.75±34.92
OSM/（mg/L）	1.26～73.58	16.98±14.98	0.63～47.22	10.97±7.44
浊度（NTU）	973～3 115	1 731.31±712.57	786～2 516	1 636.21±545.27
SD/m	0.10～0.88	0.35±0.17	0.11～1.21	0.45±0.19

黑臭水体与非黑臭水体的 Chla 浓度变化范围都较大，分别为 1.11～448.72 μg/L 和 0.02～519.56 μg/L，黑臭水体的 Chla 均值（53.85±81.54）μg/L 与非黑臭水体的均值（74.95±89.05）μg/L 相差较大。8 月 5 日无锡市采集的少数非黑臭水体中含有大量的藻

类，水面长满浮萍，水体为绿色，含有较高的 Chla 浓度，去除高值 Chla 后的非黑臭水体 Chla 均值为（54.95±78.05）μg/L。

黑臭水体中的 DOC 浓度均值为（7.61±5.30）mg/L，是非黑臭水体均值（5.81±2.76）mg/L 的 1.3 倍，这表明水体中含有更高的生物降解碎屑物质，推测产生的原因是城市水体中的富营养化现象导致浮游植物的大量繁殖，在水生植物的降解过程中会消耗大量的氧气，使水体表层处于厌氧状态，同时释放大量的 DOC[1]。

水体悬浮物是悬浮在水中的固体微粒，是最重要的水质参数之一。黑臭和非黑臭水体的 TSM 差异略大，范围分别为 5.00～397.50 mg/L 和 3.20～337.00 mg/L，平均值分别为（43.74±41.87）mg/L、（33.57±48.59）mg/L。黑臭水体的 TSM 均值约是非黑臭水体的 1.3 倍。而黑臭水体中的 OSM 含量稍高，占到 TSM 的 38.82%。水体中的有机物会通过水中厌氧菌的分解引起腐败现象，产生甲烷、硫化氢、硫醇和氨等恶臭气体，使水体变质发臭造成有机物污染。

水中悬浮颗粒物对光线透过时发生的阻碍程度称为浊度（NTV），研究表明 NTV 和悬浮颗粒物浓度之间有较好的相关性。黑臭水体的 NTV 和 TSM 浓度明显高于非黑臭水体，表明 NTV 与水体中的悬浮颗粒物关系密切。黑臭水体的 SD 较低，均值为（0.35±0.17）m，低于非黑臭水体的（0.45±0.19）m。

4.1.2 与黑臭水体相关的生物化学参数

在自然水系中，水中的含氧量是判断水环境质量的一个重要指标[2]。黑臭水体中的含氧量较低，是非黑臭水体的 1/2。在这类水体中，动植物大量死亡从而产生恶性循环。

水体中的生物生长需要营养物质，氮、磷是制约水体中水生生物生长的重要因素。生活污水中各种有机还原氮磷物质在水体中缓慢地耗氧分解，导致水体 DO 降低。氮磷物质与一般的碳水化合物一起参与好氧过程，而含氮有机物降解的耗氧量远大于含碳有机物的耗氧量，这使水体中的 DO 快速降低，从而导致水质恶化、发黑发臭[3]。从表 4-2 中看，黑臭水体的 TN 浓度在 0.37～47.81 mg/L，而非黑臭水体的 TN 浓度在 0.46～30.35 mg/L，黑臭水体的 TN 浓度均值为（21.53±13.00）mg/L，比非黑臭水体（7.38±5.47）mg/L 高 3 倍。TP 浓度也较为相似，黑臭水体的 TP 浓度均值为（1.63±1.11）mg/L，比非黑臭水体的（0.52±0.44）mg/L 高 3 倍多。

表 4-2 2016—2017 年城市黑臭水体与非黑臭水体的生物化学水质参数

种类	黑臭水体		非黑臭水体	
参数	范围	平均值±标准差	范围	平均值±标准差
ORP/mV	−320～92	−65±122	−276～120	34±48
DO/（mg/L）	0.06～23.89	2.40±3.12	0.21～22.01	5.05±3.74
NH_3-N/（mg/L）	0.08～54.10	9.11±9.53	0.02～17.32	3.09±3.68
TN/（mg/L）	0.46～58.50	10.82±11.06	0.36～37.21	5.75±5.40
TP/（mg/L）	0.03～5.55	1.01±1.07	0.03～3.38	0.59±0.55
硫化物/（mg/L）	0.003～1.00	0.48±0.31	0.022～1.00	0.41±0.29
高锰酸盐指数/（mg/L）	2.2～26.6	8.4±6.6	3.0～12.7	5.7±2.4
化学需氧量/（mg/L）	18～166	53±45	12～99	35±21
五日生化需氧量/（mg/L）	2.5～76.4	18.0±21.6	1.4～58.4	10.6±11.5

由于大量有机物等耗氧物质的进入，使水体 DO 降低，普遍呈厌氧还原状态，此时铁等金属离子被大量还原成溶解态二价铁，并不断累积，形成铁、锰硫化物等黑色物质，使水体呈现出黑色[1]，因而硫化物可以表征水体中铁、锰硫化物的含量。结果显示，黑臭水体硫化物浓度相对较高。

水质高锰酸盐指数、化学需氧量都是反映水体中有机及无机可氧化物质污染的常用指标。两者值越高，说明水体受到有机物污染的程度越严重。黑臭水体测得的高锰酸钾指数、化学需氧量比非黑臭水体高出约 1.5 倍，说明水体的有机污染较为严重。

五日生化需氧量指一定条件下，微生物分解存在于水中的可生化降解有机物所进行的生物化学反应过程中所消耗的 DO 的数量。它是反映水中有机污染物含量的一个综合指标。其值越高，说明水中有机污染物质越多，污染也就越严重。黑臭水体中多含有的由工业废水和生活废水排放带来的碳氢化合物、蛋白质、油脂等均为有机污染物，经生物化学作用分解会消耗氧气，造成水中 DO 缺乏。

4.2 城市黑臭水体表观光学特征

4.2.1 遥感反射率数据处理

光谱测量采用美国 ASD 公司生产的 ASDFieldSpecPro 便携式光谱辐射计，该传感器拥有 512 个通道，光谱范围为 350～1 050 nm。所采集的光谱数据波长间隔由 1.5 nm

插值为 1 nm。测量方式采用唐军武等水面以上测量方法[4]，在每一个样点测量共计 10 条光谱，剔除异常数值后求均值。为获取遥感反射率，需要测量的数据共包括标准灰板（反射率<0.3）、天空光、水体的光谱辐射亮度信息。通过式（4-1）计算得到遥感反射率：

$$R_{rs}(\lambda)=\frac{(L_t - r\times L_{sky})}{L_p\times\pi}\rho_p \tag{4-1}$$

式中，L_t——测量的离水辐射亮度；

r——水汽界面处天空光的反射率，该值受水表面粗糙度的影响（粗糙度与风速有关：平静水面，r =2.2%；风速<5 m/s，r=2.5%；风速≈10 m/s，r=2.6%～2.8%）；

L_{sky}——天空辐射亮度；

L_p——灰板辐射亮度；

ρ_p——灰板的标准反射率。

在分析之前，严格检查原始 $R_{rs}(\lambda)$ 数据的质量，确定是否包含可能是异常值的数据。

4.2.2 遥感反射率特征分析

为了判别城市黑臭水体的光谱特征，将所采集的黑臭水体、非黑臭水体、夹江（饮用水水源地）和滇池（高度富营养化湖泊）的光谱数据进行对比，分析黑臭水体和不同类型水体的光谱差异。图 4-1（a）～（d）分别为黑臭水体、非黑臭水体、夹江、滇池的光谱曲线，（e）、（f）分别是这几类水体的光谱曲线均值。

城市黑臭水体遥感反射率的数值和光谱斜率与其他类型水体有明显的区别。城市黑臭水体在 400～900 nm 波段的遥感反射率值整体低于 0.025 sr^{-1}，其平均值在各类水体最小，和夹江平均遥感反射率相差最大。在 400～550 nm 波段范围，黑臭水体遥感反射率随波长增加上升缓慢，其他水体的光谱曲线在该波段范围斜率较大。在 550～580 nm 波段范围，几类水体的遥感反射率均出现峰值，黑臭水体的波峰宽度大于其他类型水体，且峰值最低，形状最为平缓。674～677 nm 的谷和 637～651 nm、684～695 nm 的峰是由叶绿素 a 的吸收引起的，滇池属于高度富营养化湖泊，水体中含有大量藻类物质，峰谷更加明显。在少藻的情况下，560～580 nm 范围的峰随着悬浮物浓度的增加而向长波方向移动。

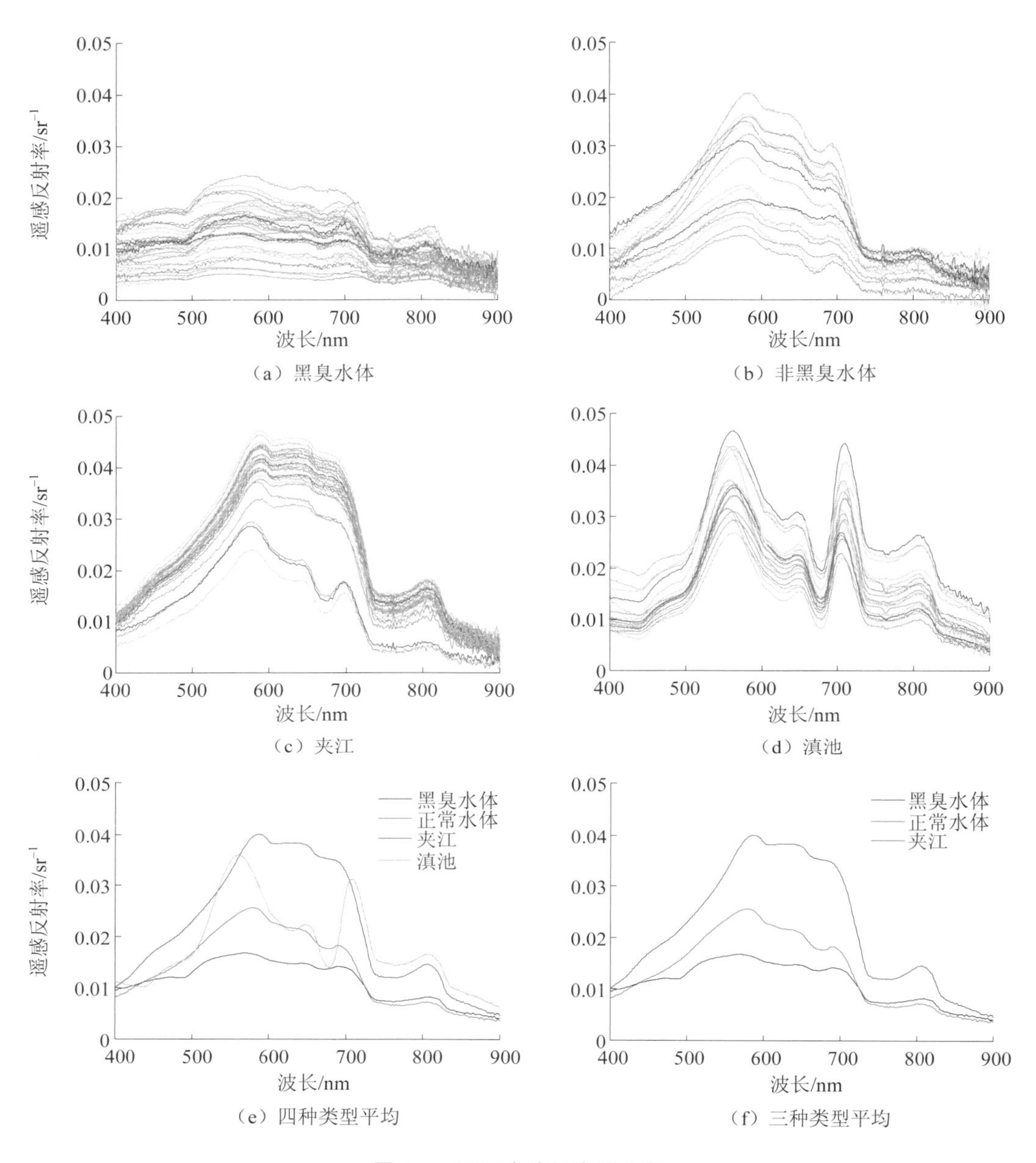

图 4-1　不同水体的光谱曲线

总体而言，城市黑臭水体遥感反射率最低，在 550～700 nm 范围内整体走势很平缓，虽然具有波动变化，但是峰谷不突出。可以利用 567 nm、630 nm、676 nm、695 nm 等特征波段组合对这几类水体进行区分。黑臭水体与其他类型水体的光谱所表现出的这种差异特征可以作为遥感识别的重要依据。

4.3 城市黑臭水体固有光学特征

水体组分的吸收系数包括总颗粒物吸收系数（a_p）、色素颗粒物吸收系数（a_{ph}）、非色素颗粒物吸收系数（a_d）和有色可溶性有机物（CDOM）的吸收系数（a_g）。

总颗粒物的吸收系数使用定量滤膜技术（QFT）测定。用直径为 25 mm 玻璃纤维滤膜（Whatman GF/F）过滤水样，用同样湿润程度的空白滤膜作为参比，在紫外分光光度计下测量滤膜上颗粒物的吸光度，并且以 750 nm 处吸光度为零值校正，得到总颗粒物的吸收系数。

非色素颗粒物吸收系数的测量方法是用一定体积的次氯酸钠溶液漂白滤膜上的色素颗粒物质，15 min 后用超纯水淋洗，再使用紫外分光光度计测定非色素颗粒物的吸收系数。总颗粒物吸收系数减去非色素颗粒物的吸收系数即为色素颗粒物的吸收系数。

CDOM 吸收系数采用 0.22 μm 的 Millipore 滤膜对滤液进行二次过滤，以超纯水作参比，用紫外分光光度计测定其吸光度，并且以 700 nm 处的吸光度为零值进行散射效应的校正，计算得到 CDOM 的吸收系数。

4.3.1 颗粒物吸收特征分析

4.3.1.1 总颗粒物吸收系数特征分析

总颗粒物吸收系数近似等于非色素颗粒物吸收系数与色素颗粒物吸收系数之和。图 4-2 为黑臭水体与非黑臭水体的总颗粒物吸收系数光谱曲线。从中可以看出，黑臭水体的总颗粒物吸收系数整体高于非黑臭水体，同时两者均在 675 nm 附近存在反射峰。黑臭水体与非黑臭水体在 675 nm 处的总颗粒物吸收系数的范围分别是 0.33～9.55 m^{-1} 与 0.08～8.02 m^{-1}，平均值分别是（1.60±1.51）m^{-1} 与（1.32±1.38）m^{-1}。图 4-2（a）中有 3 条曲线明显高于其他曲线。这 3 个点分别是 5 月 10 日在南京市采集的 7 号、10 号点，8 月 5 日在无锡市采集的 28 号点。表 4-3 为 7 号、10 号、28 号点的水质参数。这 3 个点现场判别均为重度黑臭。7 号和 10 号点的情况较为相似，两者水样均呈现黑色，含有较高浓度的悬浮物。总颗粒物吸收系数受到高浓度颗粒物质的影响而出现高值，其吸收曲线与非色素颗粒物吸收曲线的趋势较为接近，说明非色素物质对吸收系数有更大的影响。而 28 号点 DOC 浓度与黑臭水体的均值相比明显偏高。考虑到采样的河流位于无锡，且与太湖相连通，采样时间在 8 月，推测 28 号点产生黑臭与藻华的产生与降解有一定关系。

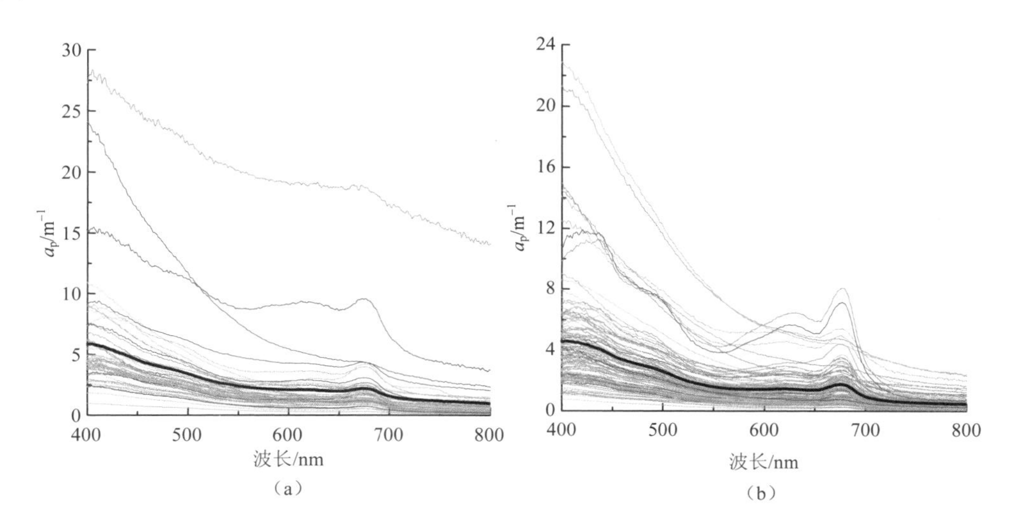

图 4-2 黑臭水体（a）与非黑臭水体（b）总颗粒物吸收系数光谱曲线

表 4-3 7 号、10 号、28 号点的水质参数

点位	7 号	10 号	28 号
Chla/（μg/L）	52.05	41.31	14.14
DOC/（mg/L）	5.79	10.87	19.55
TSM/（mg/L）	297.50	127.27	79.26
ISM/（mg/L）	241.67	104.54	29.26
OSM/（mg/L）	55.83	22.73	50.00
TN/（mg/L）	29.40	10.05	21.27
TP/（mg/L）	2.91	1.44	2.51

4.3.1.2 色素颗粒物吸收系数特征分析

图 4-3 为黑臭水体与非黑臭水体的色素颗粒物吸收系数光谱曲线。从中可以看出，在 450～550 nm 范围内，吸收系数随着波长的增加而降低。与非黑臭水体相比，黑臭水体在 400～550 nm 范围内的变化趋势更为平缓，在 675 nm 附近由于叶绿素 a 的吸收出现了一个小的峰值。黑臭水体与非黑臭水体在 675 nm 处的范围是 0.01～8.45 m^{-1} 与 0.01～7.25 m^{-1}，平均值分别为（0.77±1.16）m^{-1} 与（1.96±1.16）m^{-1}。除在无锡所采的

水样中含有较多藻类颗粒物，呈现较明显的双峰吸收特征，其余色素颗粒物的吸收曲线在 440 nm 左右没有明显的吸收峰。多数城市水体非色素颗粒物的吸收占 50%以上，而以 a_d 为主导或者以 a_d、a_g 共同为主导类型的水体色素吸收曲线只有在 675 nm 左右有吸收峰，在 440 nm 附近没有峰。

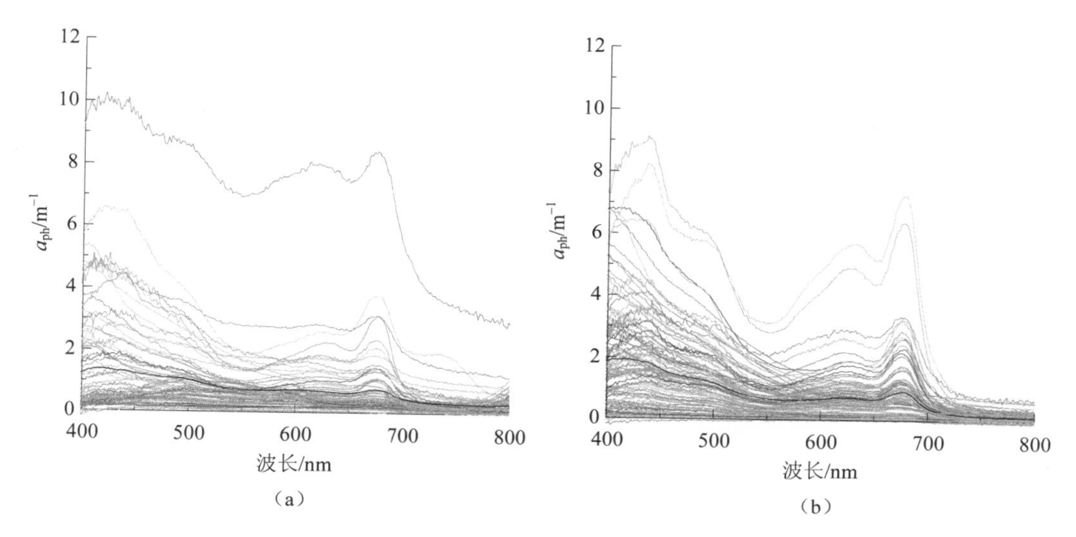

图 4-3 黑臭水体（a）与非黑臭水体（b）色素颗粒物吸收系数光谱曲线

4.3.1.3 非色素颗粒物吸收系数特征分析

图 4-4 为黑臭水体与非黑臭水体的非色素颗粒物平均吸收系数光谱曲线。非色素颗粒物的吸收系数随着波长的增加而减小，其光谱特征大致遵循指数衰减的规律。城市黑臭水体与非黑臭水体的非色素颗粒物平均吸收系数在量级上有所差异。黑臭水体与非黑臭水体在 440 nm 处的吸收系数的平均值分别为（5.68±4.19）m^{-1} 与（4.44±2.95）m^{-1}，分布范围为 0.55～13.94 m^{-1} 与 0.23～9.06 m^{-1}。黑臭水体与非黑臭水体在 675 nm 处吸收系数的平均值分别为（0.67±0.53）m^{-1} 与（0.48±0.37）m^{-1}，分布范围为 0.67～3.16 m^{-1} 与 0.07～2.10 m^{-1}。在短波区域，黑臭水体与非黑臭水体的吸收系数差异更大。黑臭水体中有两条曲线出现高值，分别是 5 月 10 日在南京市采集的 7 号、10 号点，这是由于高浓度的悬浮物导致的。

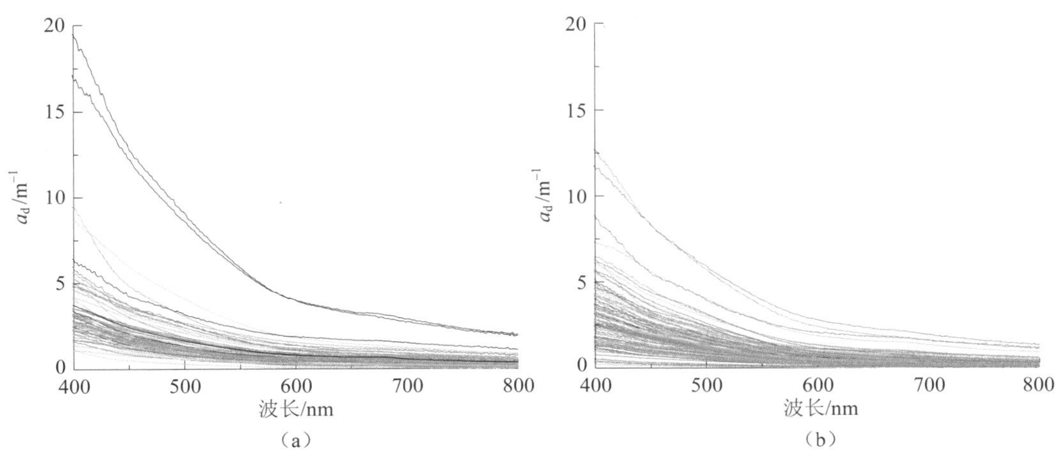

图 4-4　黑臭水体（a）与非黑臭水体（b）非色素颗粒物吸收系数光谱曲线

4.3.2　有色可溶性有机物（CDOM）吸收特征分析

CDOM 是水体中的一个重要组分，对水体的固有光学特性有很大的影响。CDOM 在紫外和蓝光波段有较强的吸收特性，在黄色波段吸收较小。不同水体的 CDOM 吸收系数在短波处的差异较大，可以用 440 nm 处的吸收系数来表征 CDOM 浓度变化。图 4-5 为 CDOM 在 240～800 nm 的黑臭水体与非黑臭水体的平均吸收光谱曲线，可以看出 CDOM 的吸收光谱曲线随着波长的增加呈现指数衰减的规律。黑臭水体和非黑臭水体在 440 nm 处的 CDOM 吸收系数范围分别在 0.18～2.94 m^{-1} 和 0.04～2.21 m^{-1}，均值分别是（1.72±0.63）m^{-1} 和（1.00±0.39）m^{-1}。比较 440 nm 处吸收系数的平均值可以看出，黑臭水体的 CDOM 吸收系数比非黑臭水体的吸收系数高出 1.7 倍左右。

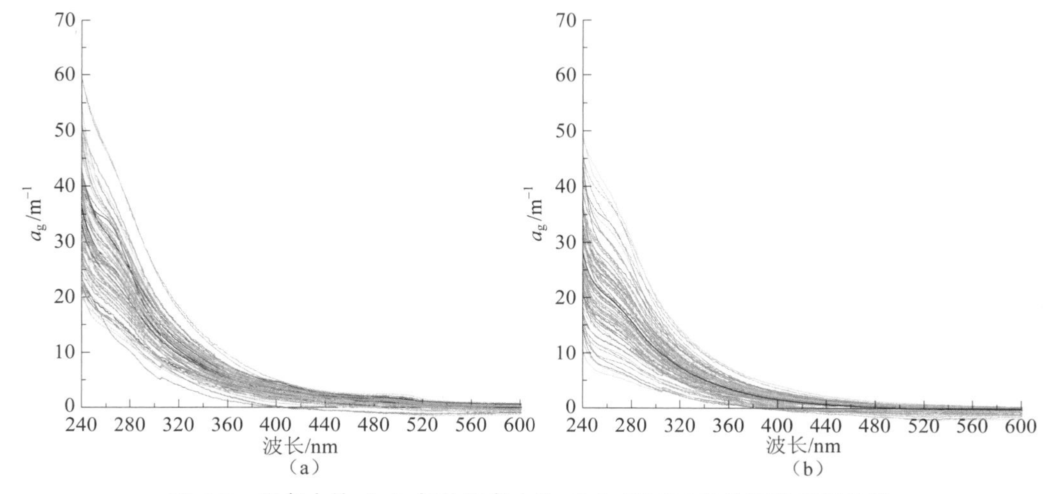

图 4-5　黑臭水体（a）与非黑臭水体（b）CDOM 吸收系数光谱曲线

4.4 黑臭水体吸收特性的影响因素分析

4.4.1 颗粒物吸收特性与水体光学活性物质相关性分析

4.4.1.1 颗粒物吸收系数与悬浮物、叶绿素 a、CDOM 的相关性分析

颗粒物吸收系数受水体成分及其浓度的影响，通常称悬浮物、叶绿素 a、CDOM 为影响水体光学特性的光学活性物质，因此可以从颗粒物吸收系数（a_p、a_{ph}、a_d）与叶绿素 a、悬浮物等的相关性来分析城市黑臭水体颗粒物吸收系数的主要影响因素。

利用样本相关系数描述两个变量之间的相关关系。样本的简单相关系数一般用 r 表示，计算公式如下：

$$r = \frac{\sum_{i=1}^{n}(X_i - \bar{X})(Y_i - \bar{Y})}{\sqrt{\sum_{i=1}^{n}(X_i - \bar{X})^2}\sqrt{\sum_{i=1}^{n}(Y_i - \bar{Y})^2}} \tag{4-2}$$

式中，n——样本量；

X_i、Y_i和$\bar{X}$、$\bar{Y}$——分别为两个变量的观测值和均值。

r 描述的是两个变量间线性相关强弱的程度，取值在−1 与+1 之间，若 $r>0$，表明两个变量是正相关；若 $r<0$，表明两个变量是负相关。r 的绝对值越大表明相关性越强。

表 4-4 为 440 nm、675 nm 处颗粒物吸收系数（a_p、a_{ph}、a_d）与叶绿素 a、悬浮物之间的相关关系。

表 4-4 颗粒物吸收系数与悬浮物、叶绿素 a 浓度之间的相关关系

波段范围	a_p（440）	a_p（675）	a_{ph}（440）	a_{ph}（675）	a_d（440）	a_d（675）
Chla/（μg/L）	0.20	0.29	0.29	0.28	−0.01	0.08
TSM/（mg/L）	0.68	0.23	0.14	−0.06	0.83	0.73
ISM/（mg/L）	0.76	0.33	0.34	0.11	0.80	0.62
OSM/（mg/L）	0.08	−0.13	−0.29	−0.35	0.31	0.45

从中可以看出，440 nm 处的 a_p（440）与 TSM、ISM 浓度存在着较好的相关性（r=0.68，r=0.76）；a_d（440）与 TSM、ISM 浓度存在着更为显著的相关性（r=0.83，

r=0.80)。675 nm 处 a_p(675)与 TSM、ISM 浓度相关性较差(r=0.23,r=0.33);a_d(675)与 TSM、ISM 浓度相关性较差(r=0.73,r=0.62),原因是 675 nm 是叶绿素 a 的吸收峰,主要受到叶绿素 a 吸收的影响。同时,440 nm、675 nm 处的 a_{ph}(440)和 a_{ph}(675)与叶绿素 a 浓度的相关性较差,说明色素颗粒物吸收系数同时还受到除叶绿素外的其他色素的影响。

4.4.1.2 颗粒物吸收系数的色素影响分析

为了进一步分析黑臭水体中的颗粒物吸收系数受色素影响的情况,采用色素颗粒物 440 nm 处与 675 nm 处的吸收系数进行比值运算,考察色素的组成情况,其值越大则辅助色素的比例越高。计算结果表明,黑臭水体中 a_{ph}(440)/a_{ph}(675)的值在 0.63~6.37 m^{-1},平均值为(1.95±1.12)m^{-1},高于太湖黑水团水体[5]的平均值(1.593 3±0.058)m^{-1},说明黑臭水体中除叶绿素 a 外,其他辅助色素的作用相对也高。长沙市的黑臭水体中 a_{ph}(440)/a_{ph}(675)的值在 1.52~6.37 m^{-1},平均值为(3.84±1.48)m^{-1},高于南京市的均值(1.75±0.78)m^{-1} 和无锡市的均值(1.34±0.16)m^{-1},说明在长沙市的黑臭水体中有着更高的辅助色素比例。

城市黑臭水体在 440 nm 和 675 nm 处的色素颗粒物比吸收系数 a_{ph}^*(440)和 a_{ph}^*(675)的范围分别是 0.005 7~2.704 9 m^{-1} 和 0.004 2~1.159 4 m^{-1},平均值为(0.358 0±0.546 0)m^{-1} 和(0.167 1±0.232 0)m^{-1}。a_{ph}^*(440)的变化范围比 a_{ph}^*(675)的变化范围大,表明辅助色素的影响在短波范围内更大。

440 nm 处的 a_p(440)与 TSM、ISM 浓度存在着显著的相关性,而 675 nm 处 a_p(675)与 TSM、ISM 浓度相关性较差,原因是 675 nm 是叶绿素 a 的吸收峰,主要受到叶绿素 a 吸收的影响。黑臭水体中 a_d(440)与叶绿素 a 相关性较差,说明黑臭水体中的非色素颗粒物以陆源性输入为主。黑臭水体中 a_{ph}(440)与叶绿素浓度相关性较差,说明色素颗粒物吸收系数受到其他色素的影响。同时,黑臭水体 a_{ph}(440)/a_{ph}(675)的值较高,表明辅助色素的占比较高。城市黑臭水体在 440 nm 处的 a_{ph}^*(440)范围大于 a_{ph}^*(675),说明辅助色素的影响在短波范围内更大。

4.4.2 CDOM 吸收特性分析

CDOM 是水体中的一个重要物质,它的来源包括陆源有机物质的输入和浮游植物的降解。根据 Peuravuori 等[6]的研究,CDOM 的相对分子质量可以通过 250 nm 和 365 nm 处的吸收系数比值——M 值进行追踪。M 值越大,相对分子质量越小,相对分子质量反映了腐殖质和富里酸在CDOM中所占的比例；*M*值越小，则CDOM中的腐殖酸的相对含量越高，富里酸的相对含量就越低。表4-5显示了不同水体的*M*值范围。从中看来，城市内陆河流的*M*值普遍低于其他湖泊水体中的*M*值，说明城市水体中的腐殖酸含量较高。CDOM在350 nm处的吸收系数与叶绿素a浓度的相关性仅为0.30，说明CDOM主要来源于陆源有机质的输入。同时，城市河流的流速较缓，物质交换也较慢，有机物质产生的沉积不易代谢，这也是有机质含量较高的可能因素。

表4-5 黑臭水体与非黑臭水体CDOM特性分析

种类	黑臭水体		非黑臭水体	
参数	范围	平均值±标准差	范围	平均值±标准差
a_g（355）	1.54～9.74	5.88±1.65	2.11～8.41	4.37±1.28
a_g（440）	0.18～2.94	1.72±0.63	0.04～2.21	1.00±0.39
M	4.59～9.22	5.94±0.88	4.65～8.26	6.65±0.76

注：a_g（355）和a_g（440）分别代表CDOM在355 nm、440 nm处的吸收系数。*M*表示250 nm和365 nm处的CDOM吸收系数的比值。

参考文献

[1] 唐秀云. 佛山汾江水体恶臭的化学因素特性研究[J]. 佛山科学技术学院学报（自然科学版），2003（2）：63-66.

[2] 吕佳佳，杨娇艳，廖卫芳，等. 黑臭水体形成的水质和环境条件研究[J]. 华中师范大学学报（自然科学版），2014（5）：711-716.

[3] 李真，黄民生，何岩，等. 铁和硫的形态转化与水体黑臭的关系[J]. 环境科学与技术，2010（S1）：1-3，7.

[4] 唐军武，田国良，汪小勇，等. 水体光谱测量与分析Ⅰ：水面以上测量法[J]. 遥感学报，2004（1）：37-44.

[5] 张思敏，李云梅，王桥，等. 富营养化水体中黑水团的吸收及反射特性分析[J]. 环境科学，2016（9）：3402-3412.

[6] Peuravuori J，Pihlaja K. Molecular size distribution and spectroscopic properties of aquatic humic substances [J]. Analchimacta，1997，337（2）：133-149.

5 城市黑臭水体遥感识别与定量分级方法

5.1 基于经验算法的黑臭水体遥感识别

大量野外试验调查和高分辨率遥感影像为城市黑臭水体的识别奠定了数据基础。通过对黑臭水体光谱特征的分析，根据城市黑臭水体和正常水体的光谱差异性，选择特征波段及组合构建遥感识别算法；将算法应用于影像，通过确定阈值从而得到城市黑臭水体的分布范围；将所得影像的识别结果与实地调查结果对比验证，得到所构建遥感识别算法的反演精度，从而可以对算法的适用性进行评价（图 5-1）。

5.1.1 基于阈值的黑臭水体定量分级方法

利用地面实测遥感反射率拟合 GF-2 影像的多光谱数据，除卫星同步采样点，其余均参与建模以及阈值的确定。

图 5-2 为采用单波段算法的所有建模样点的取值，可以看出正常水体整体取值较高，而黑臭水体整体取值较低，两者在值为 0.019 sr^{-1} 处区分较为明显。因此，选取 T＝0.019 sr^{-1} 作为判别一般水体和黑臭水体的阈值，高于阈值的为一般水体，低于阈值的可以认为是黑臭水体。结合实地调查结果，按照黑臭程度的不同将黑臭水体划分为重度黑臭水体和轻度黑臭水体。在黑臭水体阈值范围内，黑臭程度越严重值越小。当取值范围在 0～0.015 sr^{-1}，可判定为重度黑臭水体；在 0.015～0.019 sr^{-1}，可判定为轻度黑臭水体。

图 5-3 是波段比值算法的所有建模样点的取值，可以看出正常水体的取值较分散，而黑臭水体的取值更加集中。因此，选取 T_1＝0.06、T_2＝0.115 作为判别正常水体和黑臭水体的阈值。取值在 0.06～0.115 认为是黑臭水体，低于 0.06 以及高于 0.115 的样点认为是正常水体。结合实地调查结果，在黑臭水体阈值范围内，黑臭程度越严重值越小，因此可以使用阈值的方法将水体黑臭程度进行划分。当取值范围在 0.06～0.08 为重度黑

臭水体，在 0.08～0.115 为轻度黑臭水体。

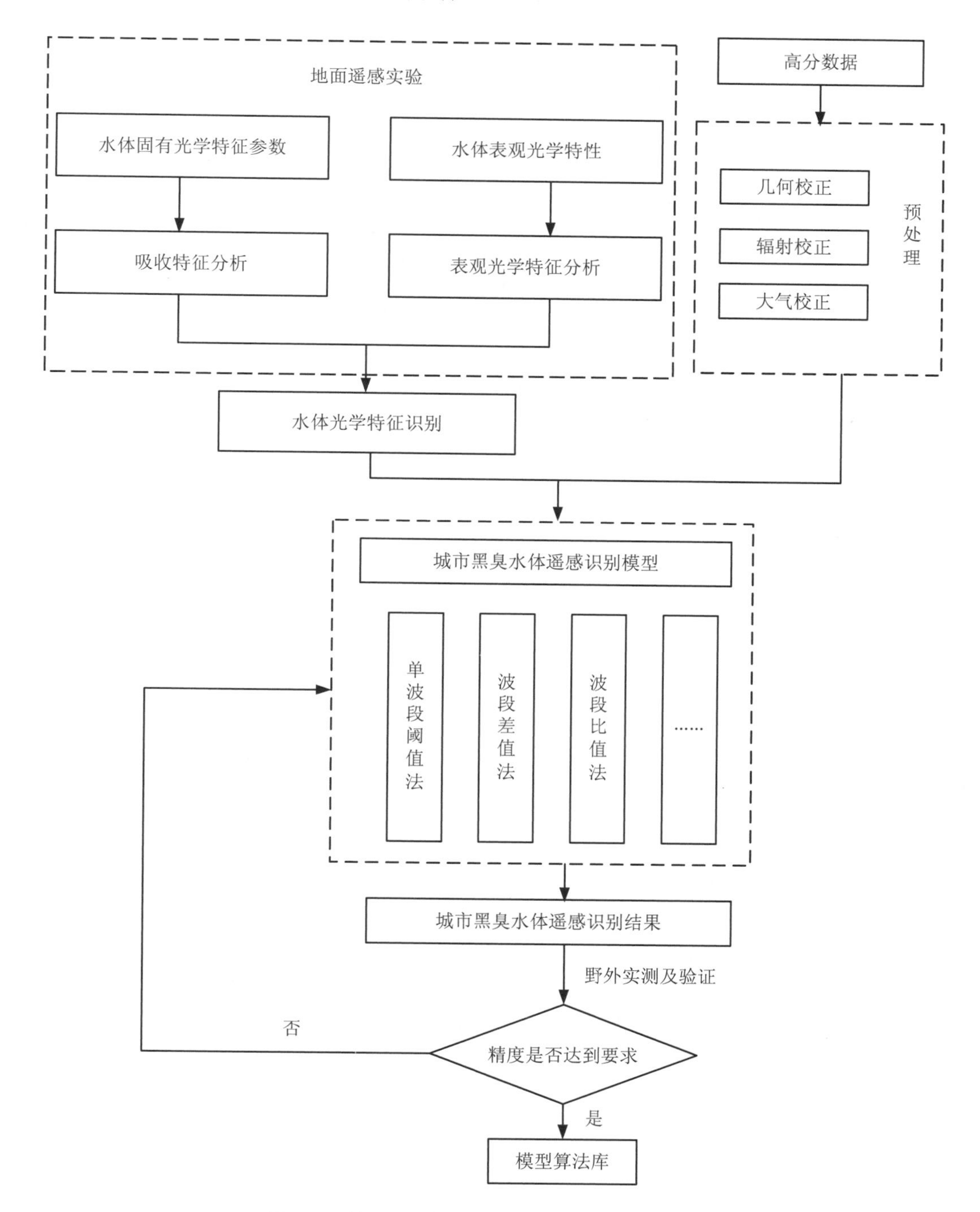

图 5-1　基于经验算法的黑臭水体遥感识别流程

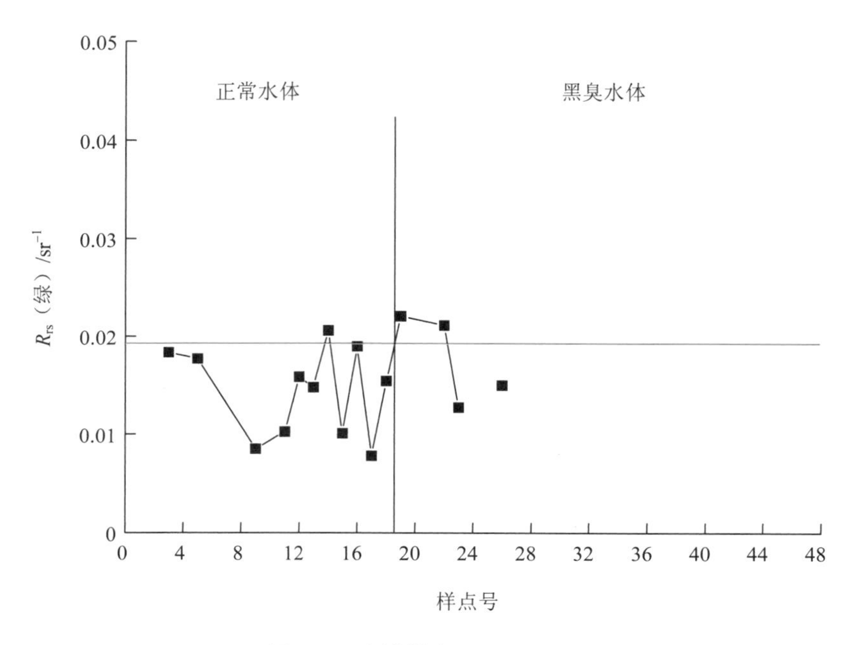

图 5-2 建模样点 R_{rs}（绿）值

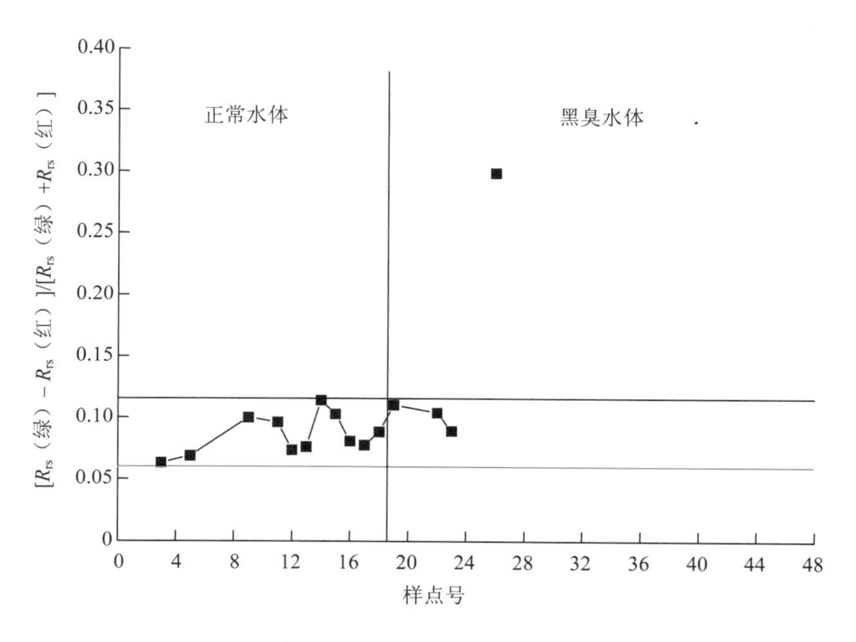

图 5-3 建模样点绿、红波段遥感反射率比值

5.1.2 基于单波段的识别算法

城市黑臭水体遥感反射率整体低于正常水体，利用 GF-2 卫星第二波段对应水体在 550～580 nm 反射峰的特点，应用这一波段遥感反射率值提取城市黑臭水体，算法如式（5-1）：

$$0 \leqslant R_{rs}(\text{绿}) \leqslant T \tag{5-1}$$

式中，R_{rs}（绿）——GF-2 影像第二波段大气校正后遥感反射率值；

T——常数。

5.1.3 基于波段比值的识别算法

城市黑臭水体在 550～700 nm 范围内光谱曲线变化平缓，没有明显的峰谷。GF-2 影像对应此光谱范围的绿、红波段，中心波长分别为 546 nm、656 nm，很好地体现出城市黑臭水体这一光谱特征。城市正常水体在此波段范围的光谱斜率同样较低，但是其具有较高的遥感反射率值。因此，选择两个波段组合的遥感反射率差、和的比值来识别城市黑臭水体，算法如式（5-2）：

$$T_1 \leqslant \frac{R_{rs}(\text{绿}) - R_{rs}(\text{红})}{R_{rs}(\text{绿}) + R_{rs}(\text{红})} \leqslant T_2 \tag{5-2}$$

式中，R_{rs}（绿）和 R_{rs}（红）——GF-2 影像第二、三波段大气校正后遥感反射率值；

T_1、T_2——常数。

5.1.4 算法识别精度分析

采用验证样点识别的正确率对算法识别精度进行评价，由式（5-3）计算：

$$\text{识别正确率} = \frac{N_{\text{正确识别}}}{N_{\text{总数}}} \times 100\% \tag{5-3}$$

式中，$N_{\text{正确识别}}$——识别结果和实际情况一致的样点数目；

$N_{\text{总数}}$——验证样点总数。

将算法应用于 2016 年 11 月 3 日 GF-2 PMS2 遥感影像，卫星过境当日进行野外同步调查，采集某河段 8 个样点（JC1～JC8）作为验证样点。表 5-1 所示为验证样点具体的水质参数情况，利用这 8 个样点对所构建的黑臭水体识别算法的精度进行评价。某河段 8 个同步样点计算结果与实际情况对比见表 5-2。根据表 5-2，单波段法对黑臭水体识别结果和实际情况一致的是JC1、JC5、JC6，算法识别的正确率为37.5%；比值法的识别结果和实际情况一致的样点是JC1、JC2、JC5、JC6、JC7、JC8，算法识别正确率为75%。由此可以看出，单波段算法对黑臭水体识别精度较低，应用具有较大局限性，而波段比值算法对黑臭水体和正常水体的识别精度较高，可用于遥感影像进行黑臭水体的提取。

表5-1 2016年11月某河段采样点水质参数

样点号	透明度/cm	溶解氧/（mg/L）	氧化还原电位/mV	黑臭情况
JC1	50	1.26	59	正常
JC2	70	3.95	109	正常
JC3	20	0.36	−161	轻度
JC4	30	0.11	−139	重度
JC5	10	0.12	−133	重度
JC6	20	0.23	−174	轻度
JC7	30	0.12	−144	重度
JC8	80	5.14	319	正常

表5-2 单波段与比值法验证样点取值及识别结果

点号	单波段法		波段比值法		实际黑臭情况
	计算结果/sr^{-1}	识别结果	计算结果	识别结果	
JC1	0.019 5	正常	0.133 2	正常	正常
JC2	0.018 5	轻度	0.117 5	正常	正常
JC3	0.022 6	正常	0.068 6	重度	轻度
JC4	0.018 8	轻度	0.080 6	轻度	重度
JC5	0.010 4	重度	0.077 2	重度	重度
JC6	0.015 9	轻度	0.114 9	轻度	轻度
JC7	0.019 9	正常	0.069 8	重度	重度
JC8	0.013 3	重度	0.153 6	正常	正常

5.1.5 算法适用性分析

通过精度对比，单波段法不能较好地对正常水体和黑臭水体进行区分，对不同黑臭程度水体的识别误差同样很大，容易产生误判而将城市正常水体错分为黑臭水体；比值法能较好地识别正常水体和黑臭水体，但对黑臭程度的识别精度也有待进一步提升。通过野外调查以及对实测数据的分析，单波段法容易将城市内部大型湖泊错分为黑臭水体。主要是由于城市湖泊水质较好、水体吸收较强，遥感反射率很低，在影像上呈现暗像元的特征。图 5-4 为实测玄武湖和部分黑臭水体光谱曲线以及模拟至 GF-2 传感器上的结果。从中可以看出，两种水体的遥感反射率非常低，在 400～700 nm 范围内有较多的重叠，在 GF-2 数据第二波段的遥感反射率值十分接近，因此运用单波段法不能将两者明显区分。运用比值法计算时，通过波段组合两者值域也存在重叠部分。因此，大型湖泊等正常水体和黑臭水体在运用单波段、比值法进行计算时，可能出现错分现象。

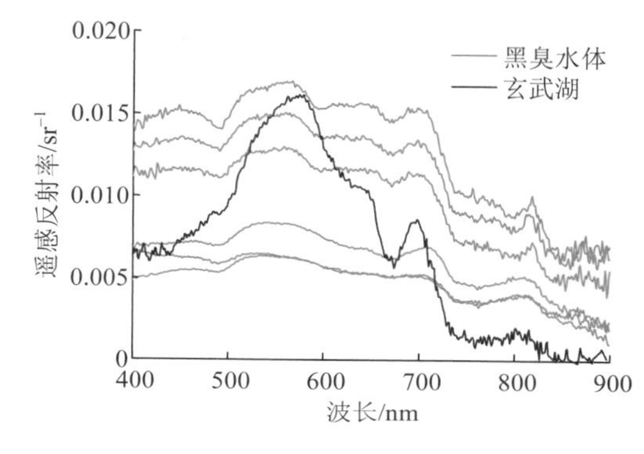

（a）正常水体和黑臭水体实测光谱曲线对比

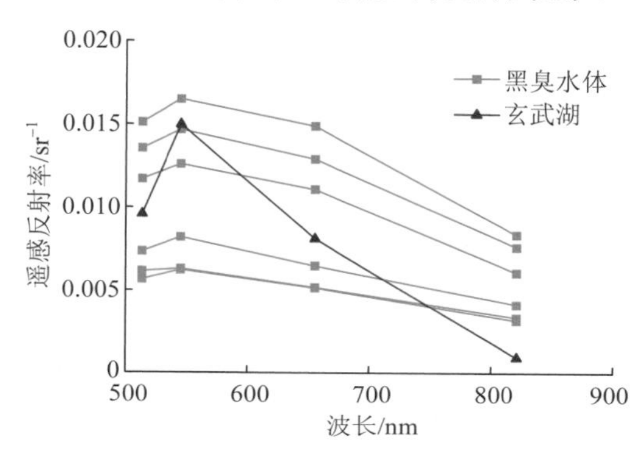

（b）正常水体和黑臭水体模拟光谱曲线对比

图 5-4 光谱曲线对比

综合上述分析，选取 GF-2 数据第二波段遥感反射率值进行城市黑臭水体的识别，是基于黑臭水体和正常水体的光谱在 550～580 nm 范围出现的波峰高度而建立的。单个波段能够较好地体现黑臭水体的特征且原理简单，但是由单一值进行的划分对于值域重叠的水体则不能很好地区分。由于重度黑臭水体和轻度黑臭水体的取值范围接近，因而对于黑臭程度的识别也有很大的局限性。因此单波段法可用于对黑臭水体光谱特征进行分析，但不适用于黑臭水体的识别。

比值算法识别精度最高，比单波段法更适合于城市黑臭水体的识别。比值算法是基于城市黑臭水体和正常水体在 550～650 nm 范围内的光谱差异而建立的，可以通过 GF-2 影像绿、红波段遥感反射率差、和的比值计算求得，具有理论依据，简单易于操作。比值算法对于城市黑臭河段的识别正确率高，可以较准确地区分城市河道的黑臭水体和正常水体，具有较高的稳定性。但是由于城市内部大型清洁湖泊遥感反射率较低，计算结果值域存在重叠，因此比值算法不适用于区分城市河道黑臭水体和城市内部非常清洁的大型湖泊。此外，可对比值算法进行完善以提高对不同程度黑臭水体的识别精度。

5.2 基于色度指标的黑臭水体遥感识别

5.2.1 颜色空间介绍

颜色空间（彩色模型、色彩空间、彩色系统等）是对色彩的一种描述方式，定义有很多种，区别在于面向不同的应用背景。例如，显示器中采用的 RGB 颜色空间是基于物体发光定义的（RGB 正好对应光的三原色：Red-红，Green-绿，Blue-蓝）；工业印刷中常用的 CMY 颜色空间是基于光反射定义的（CMY 对应了绘画中的三原色：Cyan-青，Magenta-品红，Yellow-黄）；HSV、HSL 两个颜色空间都是从人视觉的直观反映而提出来的（H-色调，S-饱和度，L-强度）。

RGB 颜色空间（图 5-5）是基于颜色的加法混色原理，从黑色不断叠加红、绿、蓝的颜色，最终可以得到白色光。

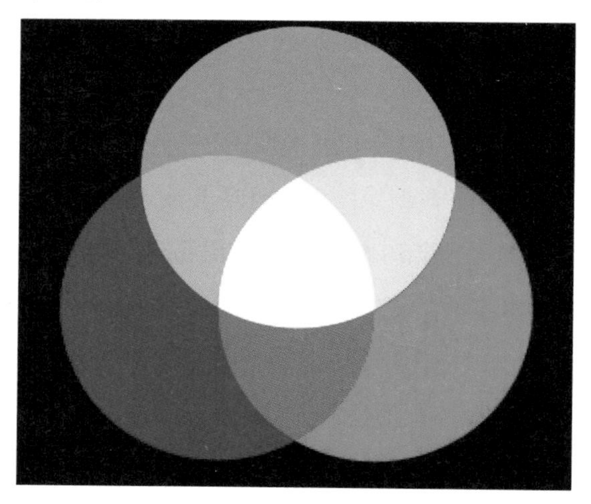

图 5-5 RGB 颜色空间

相比于 RGB，CMY（CMYK）颜色空间（图 5-6）是另一种基于颜色减法混色原理的颜色模型。在工业印刷中它描述的是需要在白色介质上使用何种油墨，通过光的反射显示出颜色的模型。CMYK 描述的是青、品红、黄和黑四种油墨的数值。CMYK 颜色空间的颜色值与 RGB 颜色空间中的取值可以通过线性变换相互转换。

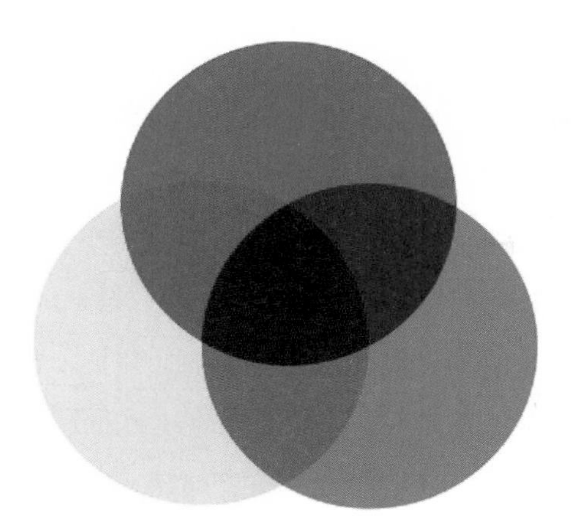

图 5-6 CMY 颜色空间

HSV 颜色空间（图 5-7）是根据颜色的直观特性由 A. R. Smith 在 1978 年创建的，也称六角锥体模型（Hexcone Model）。RGB 和 CMY 颜色模型都是面向硬件的，而 HSV 颜色模型是面向用户的。这个模型中颜色的参数分别是色调（*H*：hue）、饱和度（*S*：saturation）、亮度（*V*：value）。这是根据人观察色彩的生理特征而提出的颜色模型（人的视觉系统对亮度的敏感度要强于色彩值，这也是为什么计算机视觉中通常使用灰度即亮度图像来处理的原因之一）。

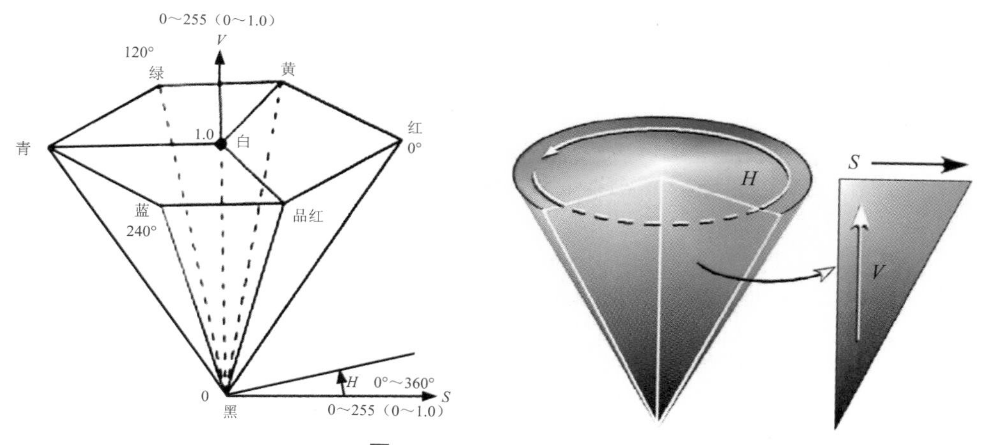

图 5-7 HSV 颜色空间

色调 *H*：用角度度量，取值范围为 0°～360°，从红色开始按逆时针方向计算，红色为 0°、绿色为 120°、蓝色为 240°；它们的补色是黄色为 60°、青色为 180°、品红为 300°。

饱和度 *S*：取值范围为 0～1.0。

亮度 *V*：取值范围为 0（黑色）～1.0（白色）。

HSV 模型的三维表示是从 RGB 立方体演化而来的。设想从 RGB 沿立方体对角线的白色顶点向黑色顶点观察，就可以看到立方体的六边形外形。六边形边界表示色彩，水平轴表示纯度，明度沿垂直轴测量。与加法、减法混色的术语相比，使用色调、饱和度等概念描述色彩更自然直观。

HSL 颜色空间与 HSV 类似，只不过把 *V*（Value）替换成 *L*（Lightness）。这两种表示在目的上类似，但在方法上有区别。二者在数学上都是圆柱，但 HSV 在概念上可以被认为是颜色的倒圆锥体（黑点在下顶点，白色在上底面圆心），HSL 在概念上表示了一个双圆锥体和圆球体（白色在上顶点，黑色在下顶点，最大横切面的圆心是半呈灰色）。注意尽管在 HSL 和 HSV 中“色调”指相同的性质，但它们的“饱和度”的定义是明显不同的。对于一些人来说，HSL 更好地反映了“饱和度”和“亮度”作为两个独立参数的直觉观念，但是对于另一些人，它的饱和度定义是错误的，因为非常柔和的几乎为白色的颜色在 HSL 可以被定义为是完全饱和的。对于 HSV 还是 HSL 更适合于人类用户界面是有争议的。

Lab 颜色空间是由 CIE（国际照明委员会）制定的一种色彩模式。自然界中任何一点色彩都可以在 Lab 空间中表达出来，它的色彩空间比 RGB 空间还要大。另外，这种模式是以数字化的方式来描述人的视觉感应，与设备无关，所以它弥补了 RGB 和 CMYK 模式必须依赖于设备色彩特性的不足。由于 Lab 的色彩空间要比 RGB 模式和 CMYK 模式的色彩空间大，这就意味着 RGB 以及 CMYK 所能描述的色彩信息在 Lab 空间中都能得以映射。Lab 颜色空间取坐标 Lab，其中 L 代表亮度，a 的正数代表红色，负数代表绿色，b 的正数代表黄色，负数代表蓝色。不像 RGB 和 CMYK 色彩空间，Lab 颜色被设计用来接近人类视觉。它致力于感知均匀性，它的 L 分量密切匹配人类亮度感知，因此可以被用来通过修改 a 和 b 分量的输出色阶做精确的颜色平衡，或使用 L 分量来调整亮度对比。

CIE 在进行了大量的正常人视觉测量和统计后，于 1931 年建立了“标准色度观察者”，从而奠定了现代 CIE 标准色度学的定量基础。由于“标准色度观察者”用来标定光谱色时出现负刺激值，计算不便，也不易理解，因此 1931 年 CIE 在 RGB 系统的基础上改用 3 个假想的原色 *X*、*Y*、*Z* 建立了一个新的色度系统，将它匹配等能光谱的三刺激值，定名为“CIE1931 标准色度观察者光谱三刺激值”，简称为“CIE1931 标准色度观察者”。CIEXYZ 颜色空间稍加变换就可得到 Yxy 色彩空间，其中 Y 取三刺激值中 Y 的值，表示亮度，x、y 反映颜色的色度特性。

颜色空间有多样性的特点，需要根据需求选择适合的颜色空间用于定量化表征颜色。在色彩管理中，选择与设备无关的颜色空间是十分重要的，与设备无关的颜色空间是由 CIE 制定的 CIEXYZ 和 CIELAB 两个标准。它们包含了人眼所能辨别的全部颜色。这种 CIEYxy 颜色空间测色制的建立给定量地确定颜色创造了条件。因此，此空间被利用到遥感影像的色度指标计算中。

5.2.2 色度指标计算方法及选择

对一张遥感标准假彩色合成影像，在固定工艺和技术下显著地物的光谱反射比是一定的，反映到影像上对应的颜色也是一定的，即显著地物在遥感影像上的分布及特征由不同颜色反映出来，使遥感信息反映到颜色空间成为可能。按照 CIE 关于色度标准的规定，推算用于遥感技术中的地物光谱反射比表征该地物的颜色，用色度坐标和色度图数字以彩色方式表示该地物颜色的色调、亮度及饱和度，可得到与彩色相片不同的该地物的真实颜色，并且使这种颜色的标号具有标准化、数字化和定量化的特点。

在可见光谱范围内，如果地物的表观对人们具有正常颜色视觉的眼睛能够产生光谱响应，那么通常就说该地物具有色刺激。把色刺激作为一个函数，则该函数所表征的颜色由 3 个参数即它的 CIE 三刺激值来确定。按照 CIE 的色度标准，色刺激的 CIE 三刺激值可通过色刺激函数φ（λ）乘以 CIE 光谱三刺激值（有表可查），并将这些乘积在可见光谱范围内积分而得到，见式（5-4）和式（5-5）。

$$
\begin{aligned}
X &= k\int_{\lambda}\varphi(\lambda)\bar{x}(\lambda)\mathrm{d}\lambda \\
Y &= k\int_{\lambda}\varphi(\lambda)\bar{y}(\lambda)\mathrm{d}\lambda \\
Z &= k\int_{\lambda}\varphi(\lambda)\bar{z}(\lambda)\mathrm{d}\lambda \\
k &= 100/\int_{\lambda}S(\lambda)\bar{y}(\lambda)\mathrm{d}\lambda
\end{aligned}
\qquad (5\text{-}4)
$$

$$
\begin{aligned}
X_{10} &= k_{10}\int_{\lambda}\varphi(\lambda)\bar{x}_{10}(\lambda)\mathrm{d}\lambda \\
Y_{10} &= k_{10}\int_{\lambda}\varphi(\lambda)\bar{y}_{10}(\lambda)\mathrm{d}\lambda \\
Z_{10} &= k_{10}\int_{\lambda}\varphi(\lambda)\bar{z}_{10}(\lambda)\mathrm{d}\lambda \\
k_{10} &= 100/\int_{\lambda}S(\lambda)\bar{y}_{10}(\lambda)\mathrm{d}\lambda
\end{aligned}
\qquad (5\text{-}5)
$$

式中，$\bar{x}$、$\bar{y}$、$\bar{z}$——CIE 于 1931 年规定的标准色度系统三刺激值；

$\bar{x}_{10}$、$\bar{y}_{10}$、$\bar{z}_{10}$——CIE 于 1964 年补充规定的标准色度系统三刺激值；

k、k_{10}——归一化常数；

波长λ——波长，积分范围 380～780 nm。

色刺激函数$\varphi(\lambda)$即施照体（太阳、天空光等综合辐射）的光谱功率分布$S(\lambda)$乘以被照体（地物）的光谱反射比$\rho(\lambda)$，见式（5-6）。

$$\varphi(\lambda)=\rho(\lambda)S(\lambda) \tag{5-6}$$

根据进行遥感活动的时空特性和使用野外光谱辐射计进行地物光谱测量时的实际情况，恰当地选取$\varphi(\lambda)$、$S(\lambda)$和$\rho(\lambda)$的值，然后将这些表征地物颜色的分光光度系统数据转换为颜色的色度系统数据，即按照式（5-4）求得该地物色刺激的 CIE 三刺激值X、Y、Z，并按式（5-7）求得 CIE 色度坐标。

$$x=\frac{X}{X+Y+Z}$$

$$y=\frac{Y}{X+Y+Z} \tag{5-7}$$

$$z=\frac{Z}{X+Y+Z}$$

根据这些数据，在标准的 CIE 色度图上标出该地物颜色的色调（颜色的主波长）、亮度（对完全漫射体为 100%）、色饱和度（色浓度%） 和不饱和度（%），可直观地看到求算的地物颜色具有标准化、数字化和定量化的特点。当计算得到色度坐标后，在 CIE 色度图颜色区域可标出该物体颜色的色调、亮度、色饱和度。对于实际测量可分两种方法进行换算：①地物光谱反射比乘以施照体的相对光谱功率分布，得到该地物的色刺激函数后，再乘以 CIE 光谱三刺激值，然后对λ在 380～780 nm 区间积分；②用野外光谱辐射计直接测量地物的色刺激函数$\varphi(\lambda)$，即光谱辐通量，再乘以 CIE 光谱三刺激值，然后对λ在 380～760 nm 区间积分。

5.2.3 基于色度的识别方法

目前，国内外已经采用将遥感信息反映到颜色空间的技术来直观地对水环境异常进行检测，即显著地物在遥感影像上的分布及特征由不同颜色反映出来，城市黑臭水体其独有的“黑”等颜色特征为利用色度进行识别提供了可能。在此，利用 2016 年某市地面实验数据进行黑臭水体色度识别方法的构建，在所有的数据中选取晴天少云、光照条件较好、测量时间在10:00～16:00的数据，除去一些由岸边阴影、楼房遮挡的异常点位数据，最终选取47个样点数据作为建模数据，以2016年11月3日卫星过境当日的8个同步采样点作为验证数据。

利用地面实测遥感反射率数据，根据色度计算公式算出色度坐标，将GF-2影像红、绿、蓝波段分别作为R、G、B代入式（5-7）计算，得到CIE坐标系统中表征水体颜色的主波长。根据坐标找到每个样点的主波长，通过黑臭水体与正常水体的主波长对比分析确定阈值，从而达到城市黑臭水体的遥感识别。

5.2.4 基于色度的定量分级

通过对黑臭水体的色度指标与对应分级参照的水质参数浓度之间的分析，探索其相应关系，根据水质参数浓度的分级确定对应的色度分级阈值。

野外调查发现，黑臭水体反射率较低，在视觉中具有直观的体现。图5-8为各建模样点的取值。根据计算结果，城市黑臭水体对应的波长范围为528～540 nm，而在此范围内水体颜色呈现墨绿色。其余波段范围分别对应不同颜色，其中490～528 nm主要呈现蓝色；540～560 nm范围呈现绿色，与城市河道的正常水体颜色最接近；560～576 nm范围为黄色，主要体现为较为浑浊的水体。

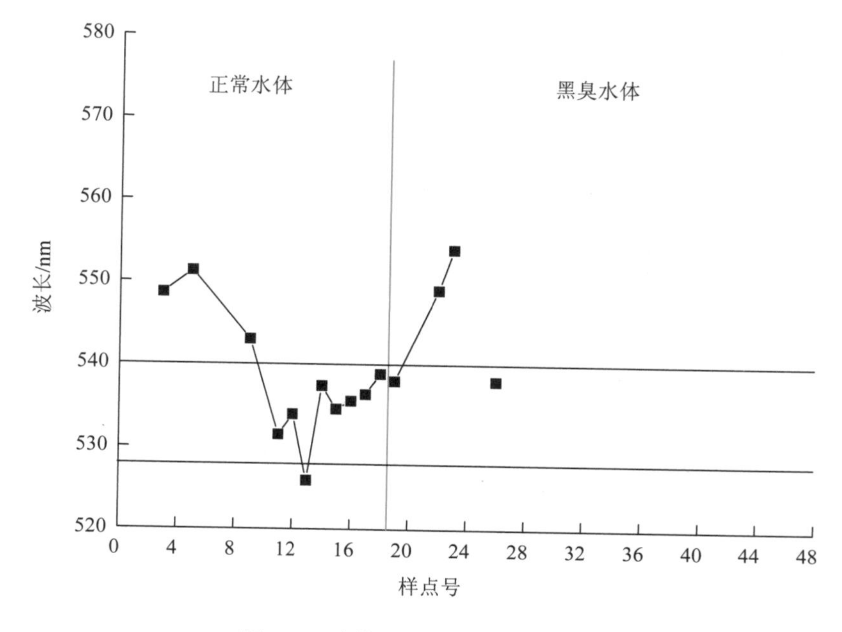

图5-8 建模样点CIE坐标主波长

从图 5-8 中可以看出，正常水体和黑臭水体的计算结果相差较大，正常水体的波长值较高。根据对建模样点黑臭程度的分析，结合实地调查结果，在黑臭水体阈值范围内，黑臭程度越严重值越高。轻度黑臭水体采样点的计算结果小于 535 nm，而重度黑臭水体采样点的计算结果普遍高于 535 nm。因此，使用阈值法对水体黑臭程度进行划分，当取值范围在 528～535 nm，可认为是轻度黑臭水体；当取值范围在 535～540 nm，可认为是重度黑臭水体。

5.2.5 算法识别的精度分析

利用同步影像 GF-2 数据对遥感数据进行色度指标的计算，并通过确定好的黑臭水体判定阈值及定量分级阈值对影像计算的结果进行检验，验证算法的识别及划分精度。将算法应用于 2016 年 11 月 3 日 GF-2 PMS2 遥感影像，并在卫星过境当日进行野外同步调查，采集某河段 8 个样点（JC1～JC8）作为验证样点。验证样点水质参数以及具体黑臭情况见表 5-1。表 5-3 为某河段 8 个同步样点计算结果与实际黑臭验证样点的色度法计算结果。

表 5-3 色度法验证样点取值及识别结果

点号	计算结果/nm	识别结果	实际黑臭情况
JC1	542	正常	正常
JC2	545	正常	正常
JC3	535	轻度	轻度
JC4	552	正常	重度
JC5	548	正常	重度
JC6	554	正常	轻度
JC7	557	正常	重度
JC8	536	重度	正常

由表 5-3 可知，采用色度方法对黑臭水体识别的结果和实际情况一致的是 JC1、JC2、JC3，正确率为 37.5%。

5.2.6 算法的适用性分析

通过对色度法识别精度的分析，其对正常水体和黑臭水体的识别误差较大，容易出现将黑臭水体错分为正常水体的现象。色度法对颜色较为敏感，可以直观地反映不同地物的颜色差别，但是有些河段受排放污染物的影响，水色差异大，出现墨绿、灰黑等颜色，与城市内部大型湖泊的颜色相似。此外，GF-2 影像 4 个波段中心波长和 CIE 标准色度系统不能完全对应，也会导致计算结果存在一定偏差。因此，采用色度法可以较好地识别颜色差异大的水体，而对于颜色相近的水体则识别误差很大。由于黑臭水体受外界条件的影响颜色并不固定，因此使用色度法进行识别时更容易产生错分。需要对其理论方法进行进一步探究，并对遥感影像的处理进行变换，以提高对城市黑臭水体的识别精度。

5.3 基于人工智能方法的黑臭水体遥感识别

5.3.1 深度学习算法原理

近 10 年来，人工智能快速发展成为社会关注的焦点，越来越多的人开始投身于机器学习、人工神经网络、深度学习等领域。2006 年，加拿大多伦多大学教授、机器学习领域的泰斗 Geoffrey Hinton 和他的学生 Ruslan Salakhutdinov 在《科学》杂志上发表了一篇文章，提出深度学习方法[1,2]，开启了深度学习在学术界和工业界的浪潮。这篇文章有两个主要观点：①多隐层的人工神经网络具有优异的特征学习能力，学习得到的特征对数据有更本质的刻画，从而有利于可视化或分类；②深度神经网络在训练上的难度可以通过“逐层初始化”（layer-wise pre-training）来有效克服。在这篇文章中，逐层初始化是通过无监督学习实现的。深度学习的理论基础是人工神经网络，它保留了神经网络的精髓，模拟大脑的学习过程，利用多层网络学习的抽象概念并加入自我学习、自我反馈、理解和总结，最后可以做出决策和判断。总的来说，深度学习模型可以实现数据的降维和分类，深层的神经网络结构可以学习到更深刻、更本质的特征，分类性能强。目前，深度学习已经在语音识别、图像识别、信息检索等领域取得了成功[3,4]，这些应用也证明了深度学习是一种行之有效的分类识别工具。

深度学习与大数据是密不可分的，它需要大量的样本才能获得较好的训练效果，这与高分辨率遥感影像的海量数据不谋而合。2010 年，Minh 等[5]首次应用深度学习技术来提取道路信息，此后深度学习技术逐渐被应用于高分辨率影像的分类、信息提取、变化监测等任务。刘大伟等[6]基于深度学习技术实现了高空间分辨率影像的分类任务，并与传统 SVM（Support Vector Machine）支持向量机、ANN（Artificial Neural Network）

人工神经网络等方法进行对比；鲍江峰等应用深度置信网络探测墨西哥湾溢油区域的情况；高常鑫等通过分层方法建立深度学习模型，完成了对高分辨率影像的高精度分类。

随着遥感技术的发展，卫星遥感数据呈现多元化和海量化，遥感大数据时代已经到来。大量的城市高空间分辨率遥感数据为城市黑臭水体监测提供了数据保障。在高分辨率影像上，地物的光谱特征更加丰富。同时，影像中出现了大量细节，地物光谱特征复杂化，同类地物的光谱差异增大，类间的光谱差异减少，同物异谱及同谱异物现象更加普遍。此外，由于水体本身是一个暗物体，其变化信息非常微弱，城市黑臭水体河宽一般比较窄，水面多漂浮树叶、生活垃圾等杂质，并且受到两岸环境（树木、阴影）的影响较大，光谱信息则更加微弱，针对以上难点，传统的方法识别精度不高。深度学习具备仿人类神经网络多层抽象能力，且有监督深度学习模型通常适用于能提供大量有标签训练样本用于训练的任务，而有监督深度学习之所以适用于城市黑臭水体的识别任务，是由于该任务所需的样本标签来源于地面实地采样及气象、水文站等固定站点提供的数据，因此可以提供足够多的真实客观且具有空间代表性的标签样本用于有监督训练。因此，选择基于有监督深度学习方法对城市黑臭水体进行分类识别，可以捕捉到数据中的深层联系，有效应对高维、海量数据的模式识别与分类，从而达到准确判识城市黑臭水体的目的。

深度学习的原理是基于人脑视觉分层处理信息的工作机理。（人的视觉系统的信息处理是分级的。如图 5-9 所示，从视网膜（Retina）出发，经过低级的 V1 区提取边缘特

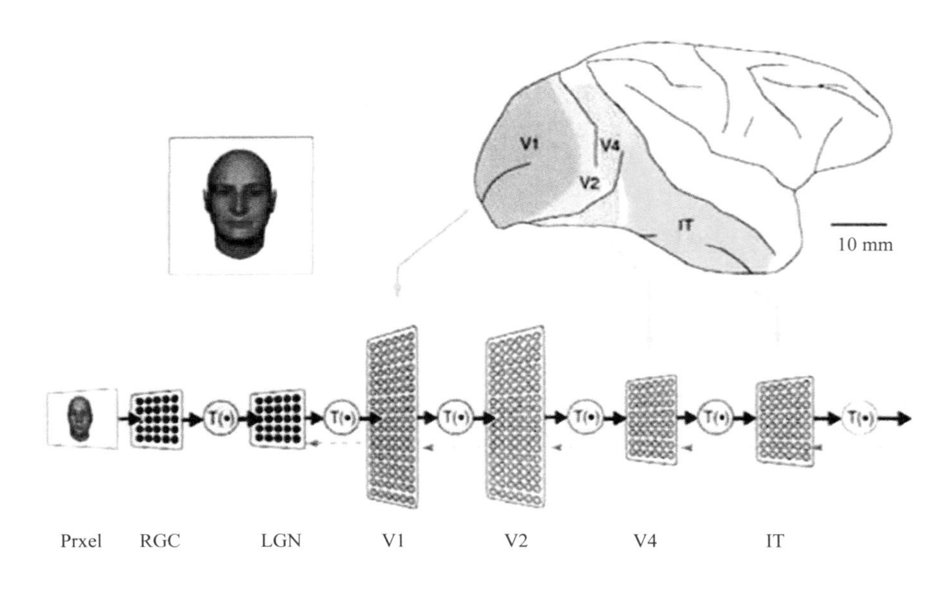

图 5-9　深度学习模仿人脑机理示意图

征，到 V2 区的基本形状或目标的局部，再到高层的整个目标（如判定为一张人脸），以及到更高层的 PFC（前额叶皮层）进行分类判断等。也就是说，高层的特征是低层特征的组合，从低层到高层的特征表达越来越抽象和概念化，也就越来越能表现语义或者意图。）人脑的工作机理就是用信号经过大脑各层聚集和分解过程处理后的信息来识别物体，即输入的图像信息经过进一步的处理（提取各个方向的边缘信息，包括外部轮廓和内部的条纹信息），抽象出输入图像的高层特征（将前面得到的边缘信息进行综合和概况，得到输入图像的外部轮廓形状以及相应的内部条纹信息），接着进行进一步的抽象，其中，像素信息是低层特征，提取出的边缘信息是更高一层的特征，将这些边缘信息进行组合和综合形成更高层次的形状信息，最后由最高层判断出图像的信息。

深度学习的实质是通过构建具有很多隐层的机器学习模型和海量的训练数据来学习更有用的特征，从而最终提升分类或预测的准确性。因此，“深度模型”是手段，“特征学习”是目的。区别于传统的浅层学习，深度学习的不同在于：①强调了模型结构的深度，通常有 5 层、6 层，甚至 10 多层的隐层节点；②明确突出了特征学习的重要性，也就是说，通过逐层特征变换，将样本在原空间的特征表示变换到一个新特征空间，从而使分类或预测更加容易。与人工规则构造特征的方法相比，利用大数据来学习特征，更能够刻画数据的丰富内在信息。而由多层非线性映射层组成的深度学习网络拥有强大的函数表达能力，在复杂分类上具有很好的效果和效率。

当前多数分类、回归等学习方法为浅层结构算法，其局限性在于在有限样本和计算单元情况下对复杂函数的表示能力有限，针对复杂分类问题其泛化能力受到一定制约。深度学习可通过学习一种深层非线性网络结构，实现复杂函数逼近、表征输入数据分布式表示，并展现强大的从少数样本集中学习数据集本质特征的能力（多层的好处是可以用较少的参数表示复杂的函数）。

图 5-10 所示是神经元网络整体的模型。首先，定义一个网络模型，应初始化所有神经网络的权重和偏置。定义好网络模型以后再定义这个模型的代价函数，代价函数就是我们的预测数据和标签数据的差距，这个差距越小说明模型训练得越成功。第一次训练的时候会初始化所有神经元的参数。输入所有训练数据以后，通过当前的模型计算出所有的预测值，将预测值与标签数据比较，并判断预测值和实际值的差距大小。其次，不断优化差距，使差距越来越小。神经网络根据导数的原理发明了反向传播和梯度下降算法，通过多次训练后，标签数据与预测值之间的差距越来越小直到趋于一个极值，由此完成所有神经元的权重、偏置等参数的训练。模型的准确率可以利用测试集的测试数

据进行验证。

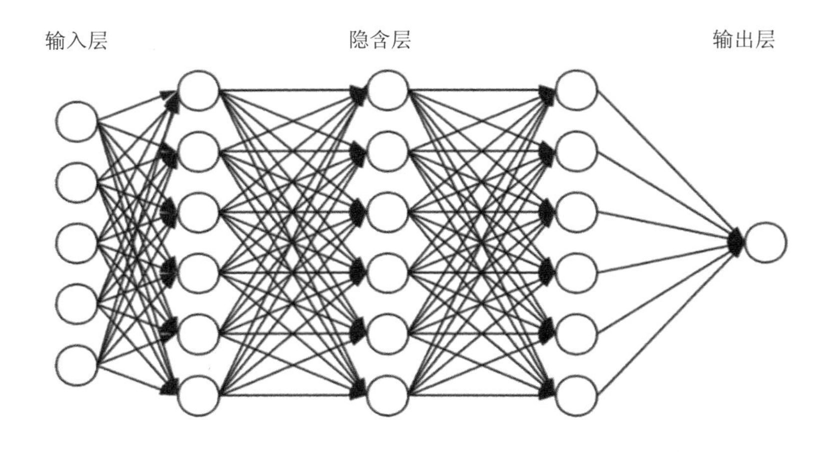

图 5-10 神经网络模型

5.3.2 基于特征波段组合的深度学习算法

本方法基于城市黑臭水体和非黑臭水体野外原位观测光谱数据集以及高分辨率卫星获取的遥感数据，对城市典型黑臭水体的光学特征进行探究，分析其与正常水体的差异性，展开其辐射传输机理研究，进行光谱差异分析，选择特征波段组合作为输入数据集。深度学习算法流程如图 5-11 所示，首先是预训练阶段，将输入数据集进行预训练实际上是对神经网络进行权值的初始化，从而避免了随机初始化带来的局部最优解等缺点；其次是微调阶段，对神经网络层进行训练，并将得到的误差向下传递，对深度学习网络的权值做微调处理，直至误差满足预期时输出模型；最后根据高分辨率卫星数据的波谱和辐射分辨率特征将处理后的高分卫星影像作为输入，得到基于高分数据的城市黑臭水体识别模型，从而实现对城市黑臭水体的准确识别。

层次的特征构建需要由浅入深，任何一种方法特征越多给出的参考信息就越多，准确性会得到提升。但特征多也意味着计算复杂、探索的空间大，可以用来训练的数据在每个特征上就会稀疏，还会带来各种问题，因此并不一定特征越多越好。

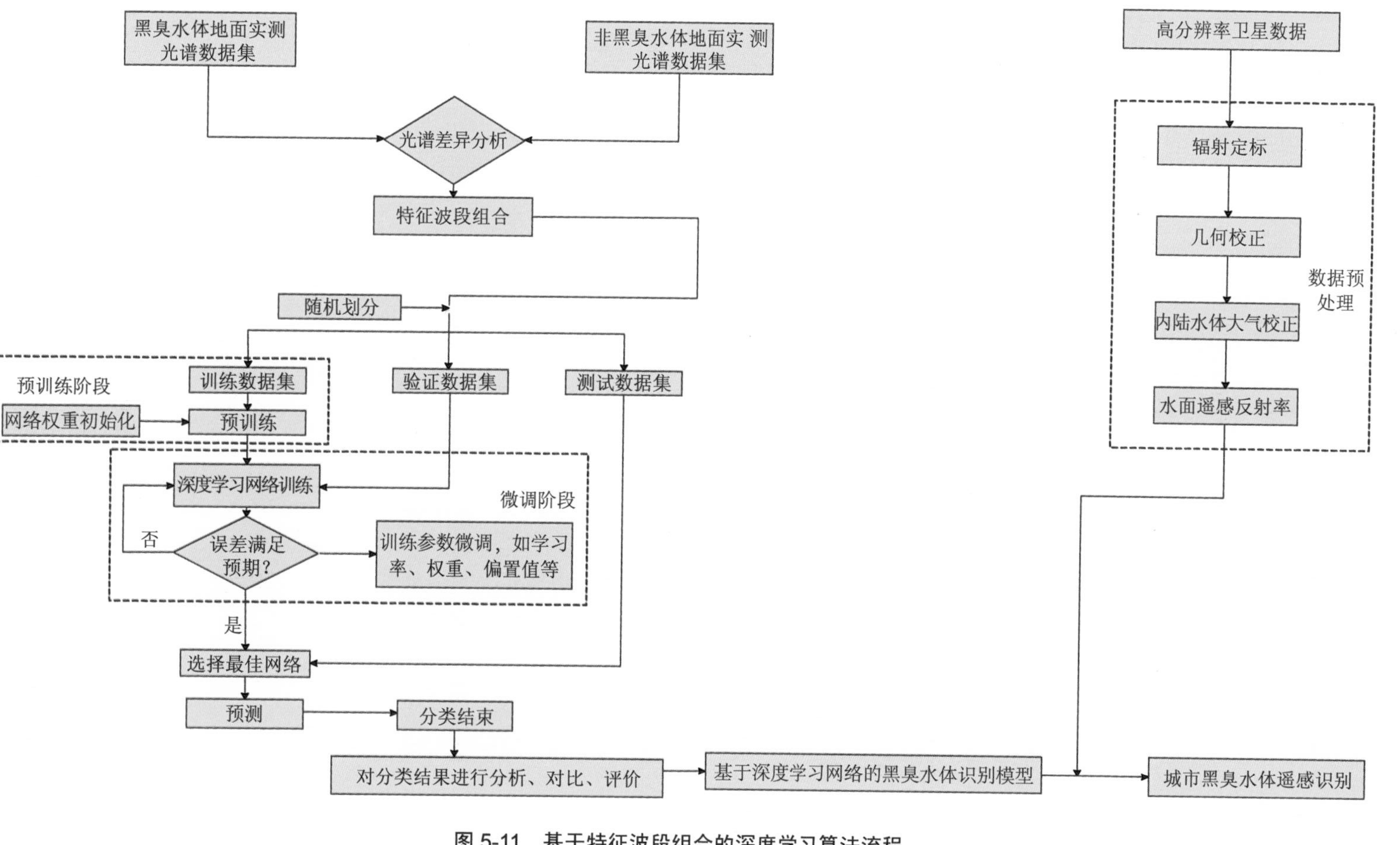

图 5-11 基于特征波段组合的深度学习算法流程

在温爽等的研究中发现，城市黑臭水体的遥感反射率数值和光谱斜率与其他类型水体有很明显的区别。在400～550 nm波段范围，黑臭水体遥感反射率随波长增加上升缓慢，其他水体由于受到叶绿素a在蓝紫光波段的吸收以及黄质吸收作用的影响，其光谱曲线在该波段范围的斜率较大；在550～580 nm波段范围，黑臭水体遥感反射率出现峰值，与其他类型水体相比，黑臭水体峰值最低，但波峰宽度大于其他类型水体，形状最为平缓；黑臭水体由于水体溶解氧含量低，导致水体藻类含量少，与富含藻类的富营养化水体相比，在620 nm没有明显的吸收谷，在700 nm附近没有明显的反射峰，与富营养化水体的光谱特征具有明显的差异。总体而言，城市黑臭水体遥感反射率最低，在550～700 nm范围内整体走势很平缓，虽然具有波动变化，但是峰谷不突出。黑臭水体光谱所表现出的这种特征可以作为其遥感识别的重要依据。

基于上述分析，我们首先将实测的光谱数据通过光谱响应函数模拟到GF-2卫星的4个波段构建输入参数。初步尝试算法后，又加入了温爽等的研究中提出的黑臭识别指数，如波段差值[R_{rs}（绿）–R_{rs}（蓝）]、波段比值{[R_{rs}（绿）– R_{rs}（红）] / [R_{rs}（绿）+ R_{rs}（红）]}等，模型精度得到明显提升，因此最后选择的输入层有6层，隐含层有5层，输出层只有1层。整个样本集随机划分为训练、验证和测试数据集。训练集是用来学习的样本集，通过这些向量来确定网络中的各个待定系数。验证集是用来调整分类器参数的样本集，在训练的过程中，网络模型会立刻在验证集进行验证。观测者会同步观察到在这个验证集数据上模型的表现如何，损失函数值是否会下降，准确率是否在提高，所以验证集是在深度学习中预防过拟合的手段之一。测试集则是在训练后为测试模型的能量（主要是分类能力）而设置的一部分数据集合。在这里，设置的训练集为124个，测试集为42个，验证集为42个。在训练的过程中发现，训练集上的Loss（损失）在不断降低而准确率在不断升高，这主要是由于训练中会为了降低Loss而不断调整，从而学到更多更深层的信息。但是在测试集上也会看到Loss在下降到一定程度之后反而开始攀升，这个拐点是过拟合的开始，因此可以选择在这一点的时候终止训练。

模型使用Relu（线性校正单元）作为网络模型中神经元的激活函数，加入随机梯度下降的方法进行最优参数训练。在训练初期，训练集和测试集的误差都会急速下降，而在训练后期，测试集误差趋于稳定，约迭代60次后产生过拟合现象，因此可以使用early-stopping（过早停止）来防止测试集的过拟合现象。此外，还比较了不同batch-size对训练过程的影响，小的处理量（batch-size）可以加快训练速度，经过较少的迭代周期即可达到较低损失值，但是可能会造成训练过程的不稳定。实验证明，批处理量的取值为 15 时，既可以满足训练过程的稳定性又可以达到一个理想的训练结果。同时，分别分析验证有无 dropout（丢弃）算法优化的网络预测精度，有无 dropout 虽然对算法不同的 batch_size 的影响是一样的，但是针对模型的训练过程而言，dropout 可以用来解决算法的过拟合问题。

不断重复运行模型以得到最优的参数配置，通过对模型训练的时间、模型的稳定性、模型的精度等指标的综合考虑，设置完成基于深度学习的黑臭水体识别模型的各项参数。通过对黑臭水体的实测和预测数据分析表明，输入实测光谱作为敏感因子建立黑臭水体识别模型是可行的，基于深度学习的黑臭水体分类识别模型取得了比较满意的结果。此外，模型训练时间效率较为可观，单条数据的运行时间较长。总体来说，深度学习模型在黑臭水体分类识别中有很好的应用价值。

5.3.3 算法识别精度分析

2016 年 11 月—2018 年 5 月在南京、长沙、常州、无锡、扬州等城市现场采集的样本数据共 297 个，随机选取 124 个样点作为训练样本，42 个样点作为测试样本，42 个样点作为验证样本，利用训练样本构建基于深度学习的黑臭水体识别算法，利用测试样点来调整分类器的参数，采用验证样点识别的正确率对算法识别精度进行评价，由式（5-8）计算。

$$识别正确率=\frac{N_{正确识别}}{N_{总数}}\times 100\% \tag{5-8}$$

式中，$N_{正确识别}$——识别结果和实际情况一致的样点数目；

$N_{总数}$——验证样点总数。

此外，还选取了 Kappa 系数对算法的识别正确率进行评价。Kappa 系数用于一致性检验，也可以用于衡量分类精度，计算公式如下：

$$\text{Kappa}=\frac{P_0-P_e}{1-P_e} \tag{5-9}$$

式中，P_0——每一类正确分类的样本数量之和除以总样本数，也就是总体分类精度。

假设每一类的真实样本个数分别为 a_1，a_2，…，a_c，而预测出来的每一类样本个数分别为 b_1，b_2，…，b_c，总样本个数为 n，则有：

$$P_e = \frac{a_1 \times b_1 + a_2 \times b_2 + \cdots + a_c \times b_c}{n \times n} \tag{5-10}$$

算法整体的识别正确率为 78%，识别精度较高。Kappa 系数为 0.487，达到中等的一致性。混淆矩阵中的另外几项评价指标如下：

（1）总体分类精度，等于被正确分类的样本总和除以总样本数。被正确分类的样本总和沿着混淆矩阵的对角线分布，总样本数等于所有真实参考源的样本总数，如本次精度分类表（即识别正确率）中的 Overall Accuracy（整体分类精度）＝78.6%。

（2）错分误差，指被分为黑臭水体而实际属于非黑臭水体的样本，它显示在混淆矩阵里面。本例中，黑臭河流有 24 个真实参考样本，其中正确分类 15 个，9 个是非黑臭水体错分为黑臭水体（混淆矩阵中黑臭水体一行其他类的总和），那么其错分误差为 9/24＝37.5%。我们也可以计算得到非黑臭水体的错分误差为 15.4%。

（3）漏分误差，指本身属于黑臭水体但没有被分类器分到相应类别中的样本数。如本例中黑臭河流有真实参考样本 24 个，其中 14 个为正确分类，其余 10 个被错分为其余类（混淆矩阵中黑臭水体中一列其他类的总和），漏分误差为 10/24＝41.6%。我们也可以计算得到非黑臭水体的漏分误差为 13.8%。

为了与前面的模型验证匹配，同样单独选取 2016 年 11 月 3 日采集的某河段 8 个样点（JC1～JC8）进行分析（表 5-4）。这 8 个点的模型预测正确率为 67%，深度学习算法的识别结果和实际情况一致的样点是 JC1、JC4、JC5、JC7、JC8。其中，只有 JC2 实际为正常水体但模型预测为黑臭水体，通过查看现场记录表发现 JC2 河呈南北流向，周边有局民点，有轻微臭味，但是该水体的黑臭级别现场判定为正常水体，因此预测值与实测值存在一定的差别，有待进一步的验证。此外，实际调查为黑臭水体的有 JC3、JC4、JC5、JC6、JC7 等，其中，JC3、JC6 为轻度黑臭水体但均预测为正常水体；JC4、JC5、JC7 为重度黑臭水体，均成功识别为黑臭水体。出现上述问题的原因可能是总样本数据共有 297 个，96 个为黑臭水体样点，291 个为非黑臭水体样点，黑臭水体典型样本学习不够，因此造成了该模型对于黑臭水体的判别相对较差，而对非黑臭正常水体的识别精度相对较好。抑或现场判别时主观判断错误，将黑臭水体判别为正常水体，因此存在标签标记错误，在模型的训练过程中引入了误差。

表 5-4 深度学习算法部分验证样点实测及模型识别结果

点号	预测结果	实际黑臭情况
JC1	正常	正常
JC2	黑臭	正常
JC3	正常	轻度黑臭
JC4	黑臭	重度黑臭
JC5	黑臭	重度黑臭
JC6	正常	轻度黑臭
JC7	黑臭	重度黑臭
JC8	正常	正常

5.3.4 算法适用性分析

通过对深度学习算法识别精度的分析，其对正常水体和黑臭水体存在识别误差，容易产生误判而将城市正常水体错分为黑臭水体，对黑臭程度的识别精度有待进一步提高。能否提供足够多的真实客观且具有代表性的黑臭水体标签样本用于有监督的训练是该算法识别精度提高的关键。只要样本足够多，该方法就能有效识别并区分黑臭水体，减少错分、漏分现象，因此对于深度学习算法而言，重点是降低黑臭水体的错分率和误分率，提高黑臭水体的识别精度。

5.4 基于半分析算法的黑臭水体遥感分级

该模型主要是基于城市黑臭水体在吸收系数方面的特征将其与非黑臭水体进行区分。水体吸收系数是影响水体光场分布的重要参数，是光学特性之一，主要取决于浮游植物、有色可溶性有机物和非藻类颗粒物 3 个参数。拟通过实测遥感反射率数据与水体各组分的吸收系数，建立黑臭水体吸收系数的反演模型，主要包括经验模型和半分析模型。经验模型是基于最优波段或者波段组合数据与吸收系数建立回归统计模型，进而建立两者关系。半分析算法以生物光学模型为基础，估测水质参数。

5.4.1 不同级别黑臭水体的吸收特性分析

水体吸收系数是水体固有的光学特性之一，其值取决于水体三要素的含量，即浮游植物、非藻类颗粒物及黄色物质。这些组分的吸收系数不但可以表征该组分在水中的含量，还可以更好地表达生物地球化学相互作用的过程。

不同水体的吸收特性也存在着较大的差异。基于第 4 章中对城市黑臭水体固有光学特征的研究，根据《城市黑臭水体整治工作指南》，进一步将黑臭水体细分为轻度黑臭水体和重度黑臭水体，进而研究一般水体与这两种级别的黑臭水体在光学特性上的差异，从而找到这几类水体的区分标准，为黑臭水体的研究与治理提供科学依据。

色素颗粒物吸收系数受水体中浮游藻类的组成和浓度的影响。重度黑臭水体与轻度黑臭水体和一般水体相比，全波段值都较高；在 440 nm 处，重度黑臭水体的色素平均吸收系数大致为轻度黑臭水体的 1.1 倍、一般水体的 1.3 倍（图 5-12）。

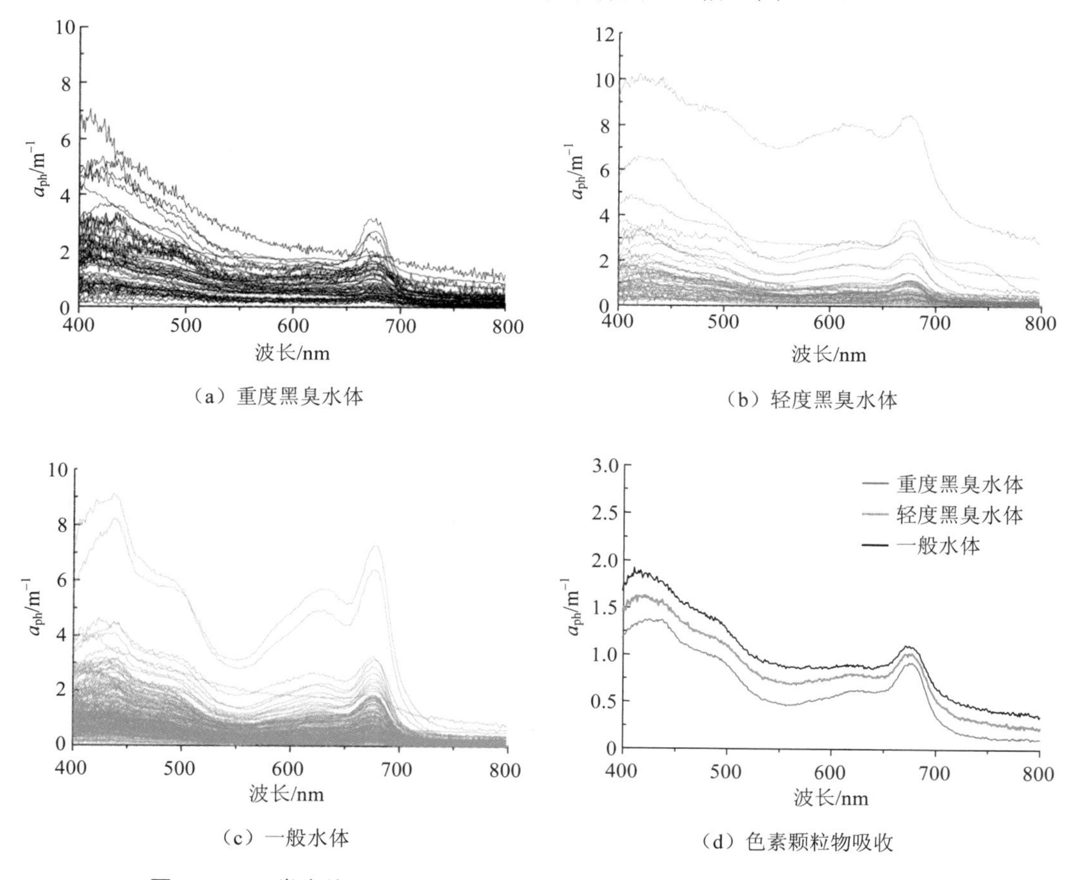

图 5-12 三类水体（a～c）及平均色素颗粒物吸收（a_{ph}）光谱曲线（d）

非色素颗粒物主要包括水体中的矿物沉积、非生命有机碎屑和活的非色素生物体。重度黑臭水体与轻度黑臭水体和一般水体相比，全波段值都较高；在 440 nm 处，重度黑臭水体的非色素平均吸收系数大致为轻度黑臭水体的 1.4 倍、一般水体的 1.8 倍（图 5-13）。

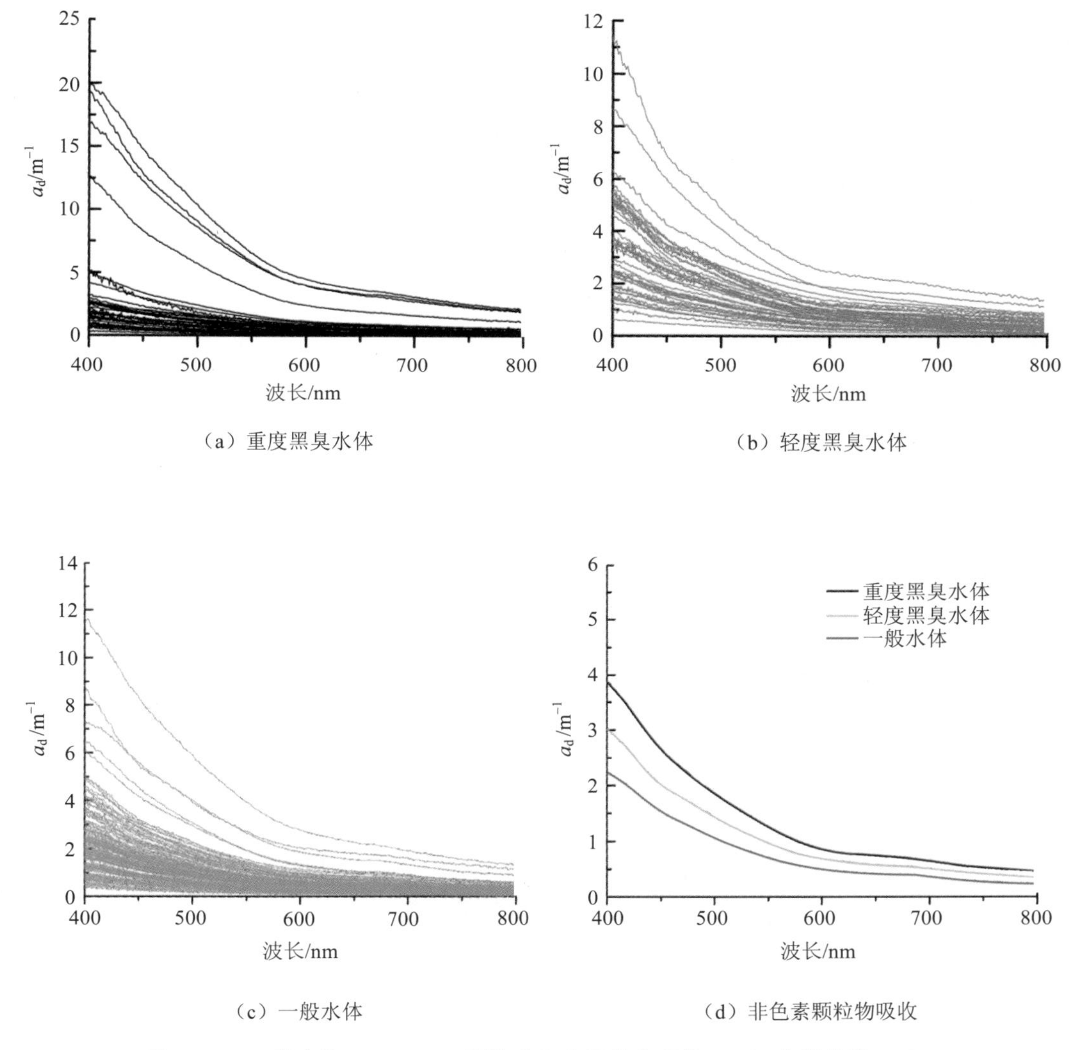

图 5-13 三类水体（a～c）及平均非色素颗粒物吸收（a_d）光谱曲线（d）

有色可溶性有机物（CDOM）是溶解性有机物库的重要组成部分，普遍存在于海洋、湖泊和河流中，它是由腐殖酸、芳烃聚合物等组成的。从图 5-14 中可以看出，大部分重度黑臭水体的 CDOM 吸收要高于轻度黑臭水体和一般水体。重度黑臭水体与轻度黑臭水体和一般水体相比，全波段值都较高；用 440 nm 处的吸收表征其浓度，重度黑臭水体的平均 CDOM 吸收系数大致为轻度黑臭水体的 1.0 倍、一般水体的 1.4 倍。

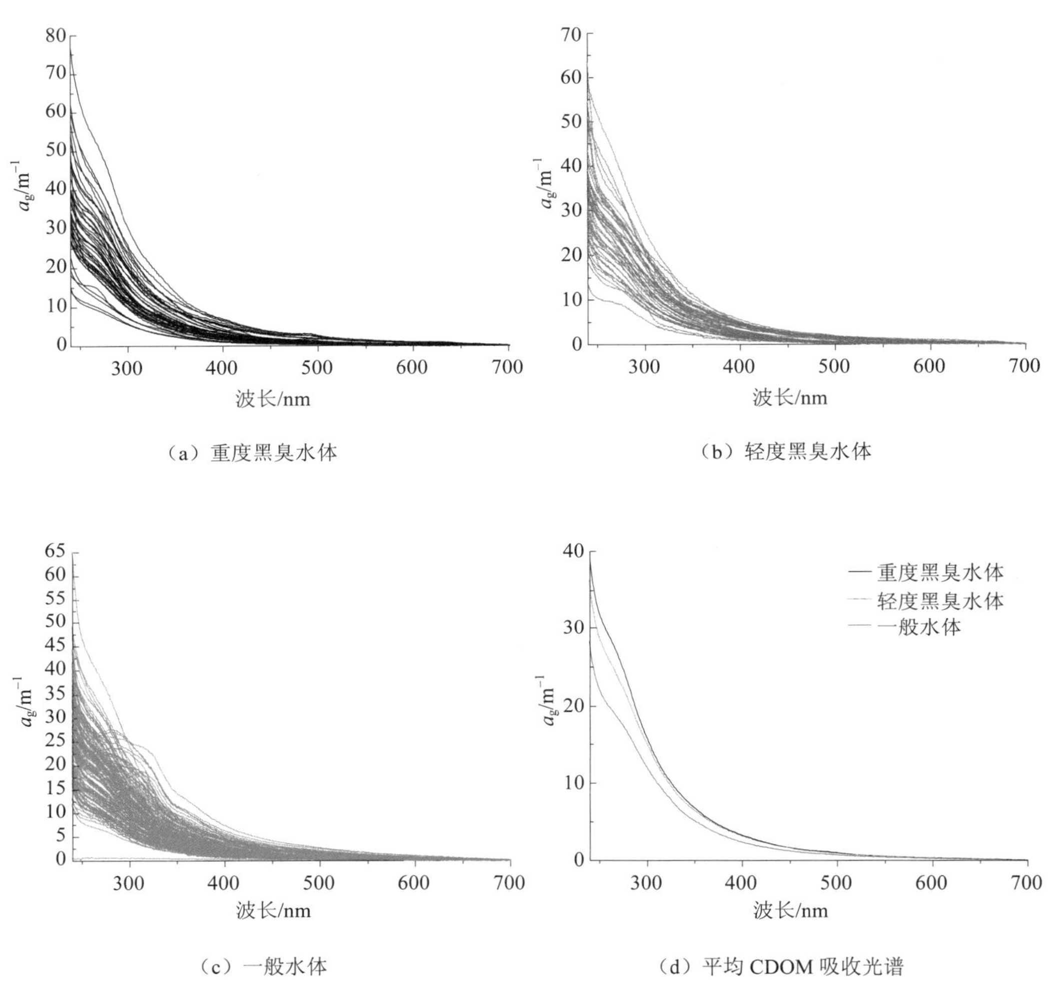

（a）重度黑臭水体 （b）轻度黑臭水体 （c）一般水体 （d）平均 CDOM 吸收光谱

图 5-14 三类水体（a～c）及平均 CDOM 吸收（a_g）光谱曲线（d）

5.4.2 基于吸收系数的识别算法

依据重度黑臭水体、轻度黑臭水体与一般水体在吸收特性（浮游植物、有色可溶性有机物和非藻类颗粒物）上的差异划分不同波段范围，根据不同级别的黑臭水体在特定波段范围内变化速率的差异建立一个综合性的分类指标。

5.4.2.1 吸收系数斜率 *S* 值、*K* 值的分析

从图 5-15 中可以看出，在 360～650 nm 范围内，非色素颗粒物在总吸收系数中占据主导地位，比例都在 50%以上；在 380～425 nm 范围内，CDOM 的贡献率仅次于非色素颗粒物，在 20%～30%，并随着波长的增加而不断降低；在 420～700 nm 范围内，色素颗粒物与非色素颗粒物占据主导位置；在 700 nm 之后，纯水的吸收占主导。结合各吸收系数在 360～800 nm 范围内的贡献率分析，尝试在不同波段范围内运用吸收系数对黑臭水体进行分类。

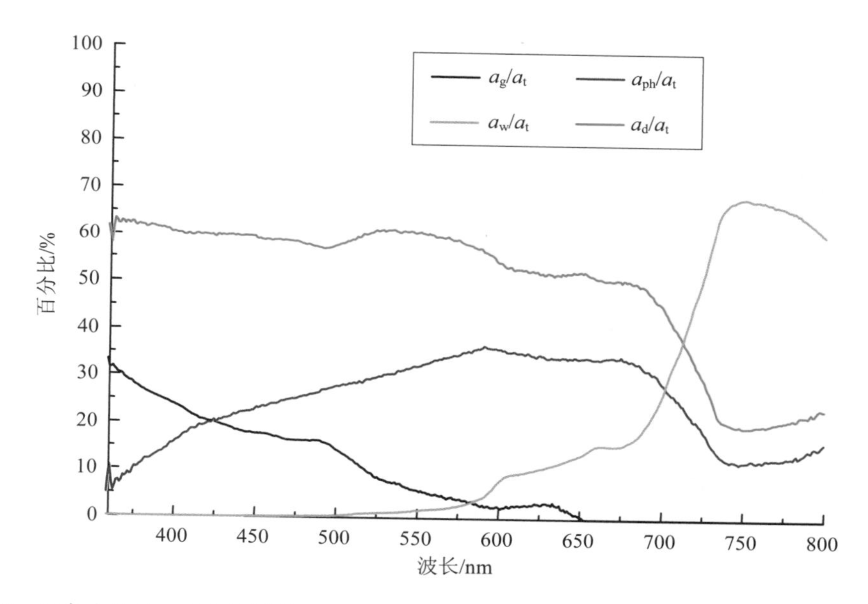

图 5-15 黑臭水体的非色素颗粒物、色素颗粒物、CDOM 吸收和纯水对总吸收（a_t）的贡献率

图 5-16 为各光学活性物质在 440 nm 处的吸收系数百分比。黑臭水体与非黑臭水体在 440 nm 处是以 a_d 为主导或者以 a_d、a_g 共同为主导类型的水体为主。因此，可以从非色素颗粒物、CDOM 吸收特性两个方面探讨黑臭水体的可分性。

非色素颗粒物、CDOM 的吸收光谱随波长的增加呈指数衰减，其光谱形态可以用负指数函数表示。

$$a_x(\lambda)= a_x(\lambda_0)\exp[-S(\lambda-\lambda_0)] \tag{5-11}$$

式中，下标 x——用 d、g 表示时，分别代表非色素颗粒物和 CDOM；

$a_x(\lambda)$——波长λ处的吸收系数；

λ_0——参考波长，取 440 nm；

$a_x(\lambda_0)$——参考波长处的吸收系数；

S——指数函数斜率。

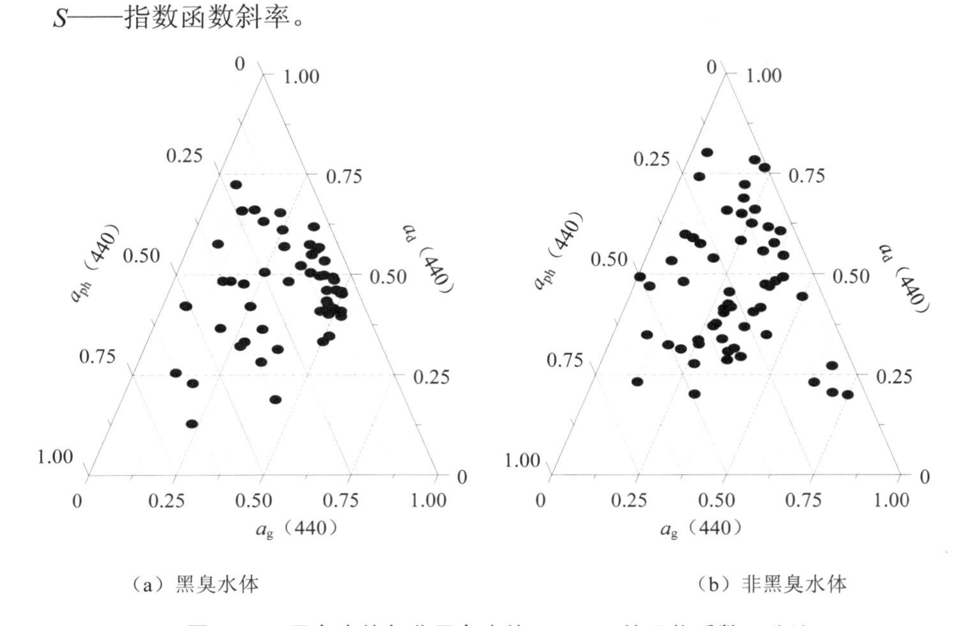

图 5-16 黑臭水体与非黑臭水体 440 nm 处吸收系数百分比

利用最小二乘法拟合 S 值，非色素颗粒物的拟合波段范围为 400～700 nm，CDOM 的拟合波段范围为 275～295 nm、350～400 nm 以及 400～600 nm。

（1）非色素颗粒物吸收系数参数化模型斜率值

影响 S_d 变化的因素包括颗粒物的类型以及非色素颗粒物中有机颗粒物和无机颗粒物的相对比例[7]。利用最小二乘法拟合得到重度黑臭水体中非色素颗粒物 S_d 值的范围为 0.004 885～0.010 081 m^{-1}，平均值为（0.007 272±0.001 197）m^{-1}。而一般水体中非色素颗粒物 S_d 值的范围为 0.004 816～0.009 51 m^{-1}，平均值为（0.007 154±0.000 907）m^{-1}。表 5-5 中列举了其他水域的 S_d 值，对比分析可知，城市水体的 S_d 值范围与滇池、三峡、珠江口的水体相比变化范围更大，并且均值最低，这主要是因为 S_d 值受到非色素颗粒物质组成成分的影响，不同的河流使其成分更加复杂。同时，S_d 值较低说明黑臭水体的非色素颗粒物吸收系数衰减总体更慢。从图 5-17 中可以看出，不同黑臭级别水体的 S_d 值重合度较高、区分度较低。

表 5-5 不同黑臭级水体的 S_d 值

研究区	S_d 值范围/m^{-1}	S_d 值平均值±标准差
重度黑臭水体	0.004 885～0.010 081	0.007 272±0.001 197
轻度黑臭水体	0.004 668～0.009 018	0.007 102±0.000 728
一般水体	0.004 816～0.009 51	0.007 154±0.000 907
珠江口	0.010 1～0.017 1	0.012 0±0.002
滇池	0.011 66～0.014 4	0.012 0±0.002
三峡坝区	0.010 14～0.012 8	0.011 5±0.001 55

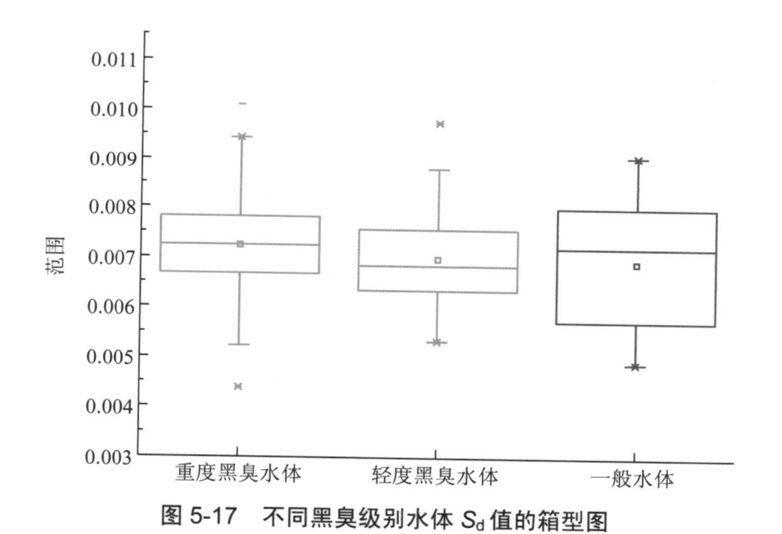

图 5-17 不同黑臭级别水体 S_d 值的箱型图

考虑到不同黑臭级别水体在吸收系数上的差异，分析 400～700 nm 范围内非色素颗粒物吸收系数的下降速率 *K* 值。从表 5-6、图 5-18 中可以看出，重度黑臭水体与轻度黑臭水体的范围较为接近，而一般水体的 *K* 值明显更低。

表 5-6 不同黑臭级水体的 *K* 值

研究区	*K* 值范围	*K* 值平均值±标准差
重度黑臭水体	0.001 097～0.055 971	0.014 259±0.012 513
轻度黑臭水体	0.002 946～0.055 950	0.014 827±0.012 424
一般水体	0.000 523～0.015 556	0.005 028±0.003 312

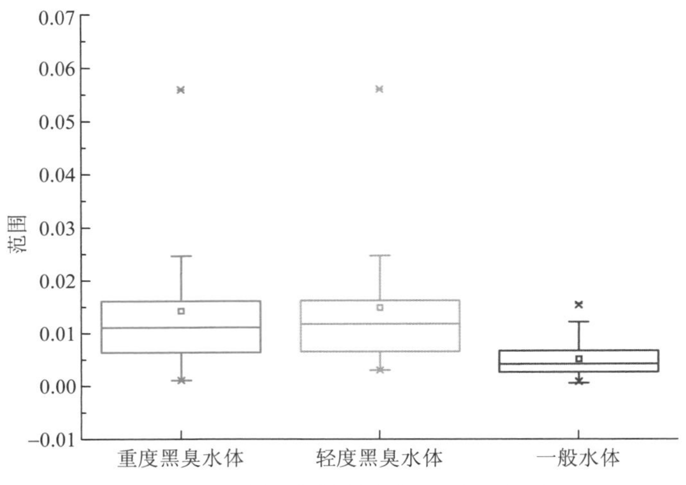

图 5-18 不同黑臭级别水体 K_d 值的箱型图

（2）CDOM 吸收系数参数化模型斜率值

CDOM 的吸收光谱随波长的增加呈指数衰减的趋势，其光谱形态可以用负指数函数表示。马荣华等[8]认为不同波段范围的 S_g 值有明显差异，通过分波段获取的 S_g 值误差较低。根据 CDOM 吸收特性与 Xu 的研究[9]，把曲线分为三段（275～295 nm、350～400 nm 以及 400～600 nm），分别拟合 CDOM 吸收系数光谱斜率 S_g 值。表 5-7 为黑臭水体与非黑臭水体 CDOM 的 S_g 值分析。

表 5-7 黑臭水体与非黑臭水体 CDOM 的 S_g 值分析

种类	黑臭水体		非黑臭水体	
参数	范围	平均值±标准差	范围	平均值±标准差
S_1	0.012 8～0.027 0	0.015 9±0.002 5	0.013 7～0.023 4	0.018 2±0.002 0
S_2	0.011 3～0.034 0	0.015 0±0.003 8	0.012 9～0.028 1	0.018 4±0.003 2
S_3	0.007 8～0.038 4	0.015 3±0.006 1	0.010 8～0.036 1	0.018 2±0.005 6
S_R	0.794 8～1.286 8	1.076±0.081	0.831 4～1.134 0	1.002 0±0.063 6

注：S_1、S_2 和 S_3 分别表示 CDOM 在 275～295 nm、350～400 nm 以及 400～600 nm 处的曲线斜率。S_R 为 S_1 与 S_2 的比值。

Helms 在 2008 年的研究表示[10]，S_1 和 S_R 的值与 CDOM 的相对分子质量呈负相关，这两者的值越低表明水体的相对分子质量和芳香度越高。黑臭水体与非黑臭水体的 S_1 均值分别为（0.015 9±0.002 5）m^{-1} 与（0.018 2±0.002 0）m^{-1}，比 2015 年鄱阳湖 S_1 的平均值（0.016 2±0.000 9）m^{-1} 要低，说明相比湖泊，城市内陆河流有着更高的相对分子质量与芳香度。图 5-19 是不同黑臭级别水体 S_g 值的箱型图。

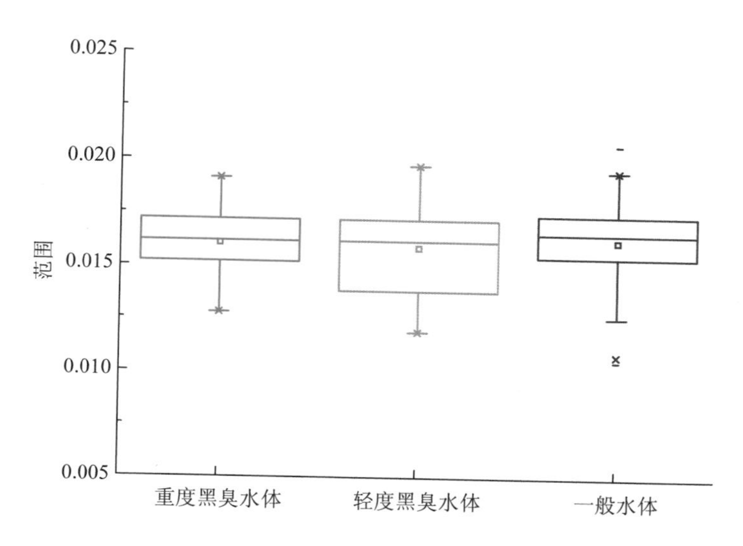

图 5-19 不同黑臭级别水体 S_g 值的箱型图

考虑到不同黑臭级别水体在吸收系数上的差异，分析 400～700 nm 范围内 CDOM 吸收系数的下降速率 K 值，从图 5-20 中可以看出，重度黑臭水体与轻度黑臭水体的范围较为接近，而一般水体的 K 值明显更低。

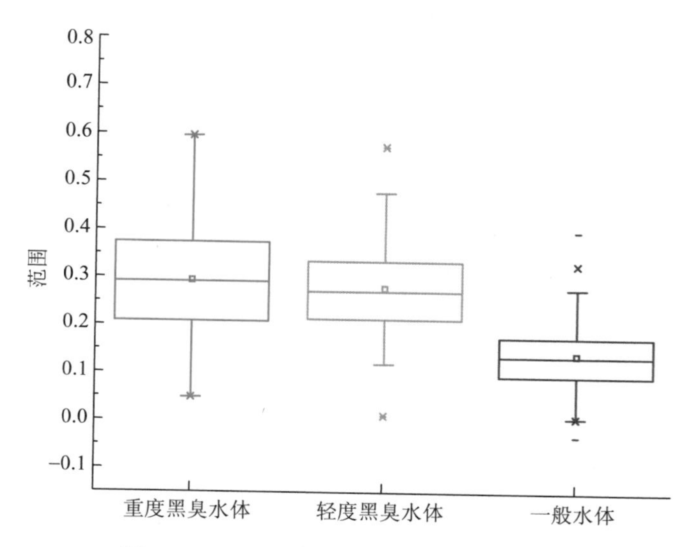

图 5-20 不同黑臭级别水体 K_g 值的箱型图

5.4.2.2 基于斜率值的可分性分析

图 5-21 是基于斜率值和吸收系数对黑臭水体与非黑臭水体的区分。通过对颗粒物吸收系数的分析可知，黑臭水体与非黑臭水体在吸收系数的数值上存在差异，黑臭水体的吸收系数高于非黑臭水体。同时，黑臭水体的平均值略低于非黑臭水体。尝试使用斜率 *S* 值和 *K* 值对黑臭水体进行识别与分级。

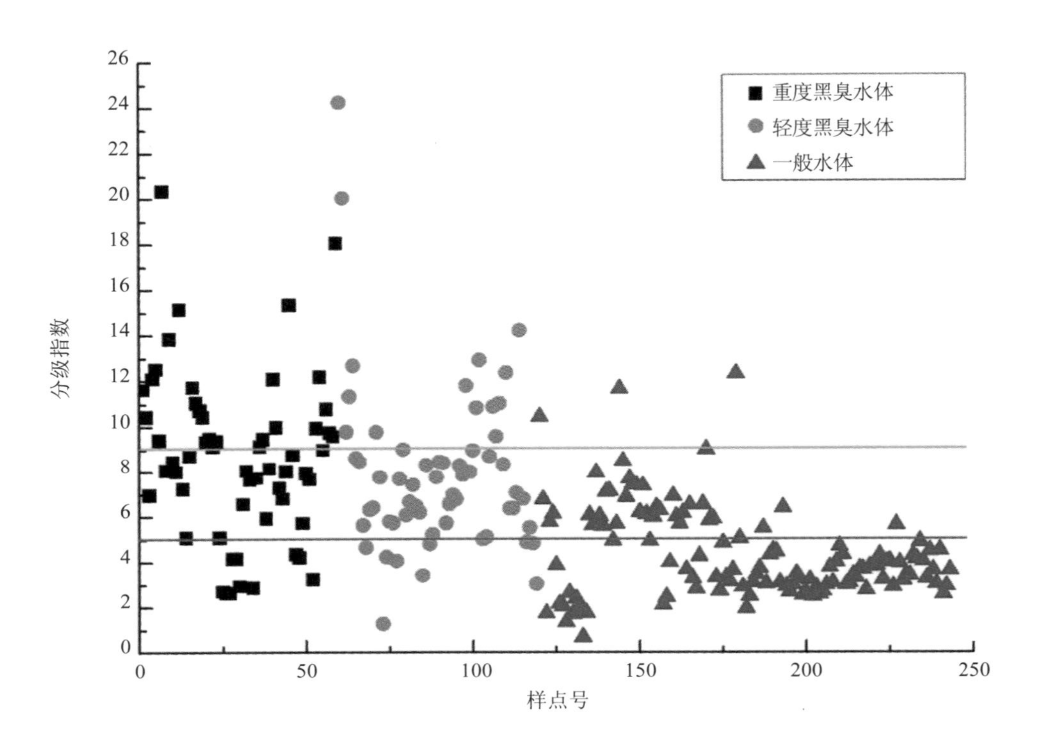

图 5-21 区分不同级别黑臭水体

通过对 CDOM 吸收特性的分析（表 5-7）发现，黑臭水体与非黑臭水体在特征波段的吸收系数值、不同波段范围内计算得到的 *K* 值比 *S* 值的区分度更高。尝试使用两种吸收系数的 *K* 值对黑臭水体进行识别与分级，通过拟合得到 243 个样点（一般水体 124 个、轻度黑臭水体 60 个、重度黑臭水体 59 个）的 K_g 值和 K_d 值，以指数（$I=K_g\times160+K_d\times300$）阈值为 5 和 9 对水体进行区分，正确识别一般水体 99 个、轻度黑臭水体 41 个、重度黑臭水体 26 个，各级别区分的正确率分别为 79.8%、68.3%、44.6%。

结果表明，非色素颗粒物和 CDOM 对黑臭水体的识别与分级有效果。黑臭水体产生的机制是多样的，不同原因导致的黑臭水体具有不同的光学特点。使用非色素颗粒物可以对含较多黑色颗粒物的黑臭水体进行很好的区分，然而对于其他原因产生的黑臭水体会发生大量误分，而结合黑臭水体中普遍较高的 CDOM 浓度，两者可以作为之后识别的一个重要参考。

5.4.3 基于遥感反射率的总吸收系数算法

水体固有光学特性的测量方法主要是通过现场采集、实验室分析所得。在环境、仪器及财力等条件的限制下，很难在现场大范围同步获取水体固有光学特性。这种情况下，卫星遥感以其大范围同步观测的优势被广泛应用于水体光学特性研究。

目前利用遥感数据估算吸收系数的方法主要有三种：基于经验的、半分析的、分析的方法。经验方法往往较为简单，但缺乏机理性的支持，模型在时空范围内的适用性较差，很难得到较为统一的反演模型。分析方法机理清晰，但较为复杂，在实际的操作过程中缺乏实用性。近年来，光学仪器不断发展，半分析方法得到较为广泛的应用。

在目前的半分析算法中，以 QAA（Quasi-Analytical Algorithm）算法最具代表性，其广泛应用于反演海洋和内陆湖泊的固有光学特性。多年来有学者不断对其进行改进，在此基础上利用已有的地面实测数据对模型的参数进行不断调整，提高反演精度。因此，使用 QAA 算法可以实现对总吸收系数的反演。而非色素颗粒物与后向散射有良好的相关性，在分离吸收系数的算法中，可以利用上述相关性分别推算出 a_{g}、a_{d} 和 S 值，构建分类指标，实现黑臭水体的区分识别。

计算水体固有光学参量，首先要将遥感反射率换算为水面之下的遥感反射率 R_{rs}，其次按照以下流程反演吸收系数（图 5-22）：

（1）选取特征波段 560 nm，根据经验公式得出遥感反射率与特征波段处吸收系数的关系。根据 Gordon 等提出的表观光学量与固有光学量之间的关系，得出总吸收系数，从而得出特征波段处的总后向散射系数，减去纯水在该波段处的颗粒物后向散射系数，根据外推模型得出全波段的颗粒物后向散射系数，最终得出全波段的总吸收系数[11]。

（2）CDOM 吸收系数和浮游植物吸收系数在 410 nm、440 nm 这两个波段上有一定的关系，利用两者的关系可以分离出特征波段处的吸收系数，并根据指数函数外推模型得出全波段的吸收系数。

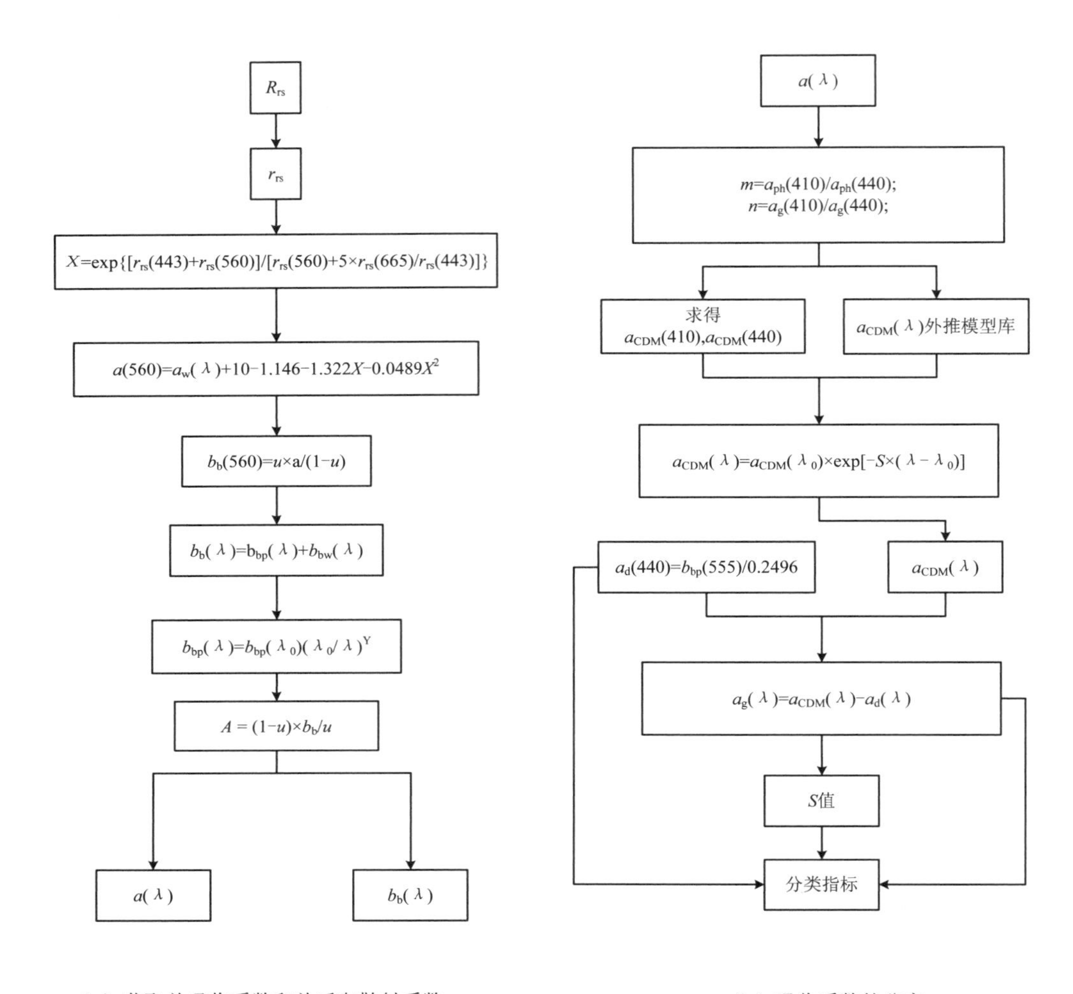

（a）获取总吸收系数和总后向散射系数　　（b）吸收系数的分离

图 5-22　吸收系数反演流程

5.4.4　算法识别精度分析

运用 2016 年 11 月 3 日的 GF-2 影像实现黑臭水体的识别与分级的应用。

GF-2 多光谱数据空间分辨率 4 m，该数据共 4 个波段，波长范围分别为 450～520 nm、520～590 nm、630～690 nm 和 770～890 nm，中心波长分别为 514 nm、546 nm、656 nm 和 822 nm。

首先对影像进行正射校正、辐射定标、大气校正等预处理，提取城市中的河流，运用 5.4.3 中改进的 QAA 算法进行非色素颗粒物吸收系数和 CDOM 吸收系数的反演，并利用同步点数据进行精度验证。

对全市建成区的河流进行黑臭水体的识别与分级，分析其空间分布。如图 5-23 所示，共识别河段 1、河段 2、河段 3 共 3 处主要的黑臭河段。根据卫星同步的 8 个验证点数据进行算法精度分析（具体数据见表 5-1），河段 1 现场采样有 3 个正常水体样点、2 个轻度黑臭水体样点、3 个重度黑臭水体样点，识别结果对应为 2 个正常水体样点、4 个轻度黑臭水体样点、2 个重度黑臭水体样点，识别正确率达到 75%。

图 5-23　2016 年某市黑臭河流分布情况

参考文献

[1] Hinton GE，Salakhutdinov RR. Reducing the dimensionality of data with neural networks [J]. science，2006，313（5786）：504-507.

[2] Hinton GE，Osindero S，Teh Y-W. A fast learning algorithm for deep belief nets [J]. Neural computation，2006，18（7）：1527-1554.

[3] Yu D，Deng L. Deep Learning and Its Applications to Signal and Information Processing Exploratory

DSP [J]. IEEE Signal Processing Magazine，2011，28（1）：145-154.

[4] Sarikaya R，Hinton GE，Deoras A. Application of Deep Belief Networks for Natural Language Understanding [J]. IEEE/ACM Transactions on Audio，Speech，and Language Processing，2014，22（4）：778-784.

[5] Mnih V，Hinton GE. Learning to detect roads in high-resolution aerial images [J]. European Conference on Computer Vision，2010：210-223.

[6] Dawei L，Ling H，Xiaoyong H. High Spatial Resolution Remote Sensing Image Classification Based on Deep Learning [J]. Acta Optica Sinica，2016，36（4）.

[7] Peuravuori J，Pihlaja K. Molecular size distribution and spectroscopic properties of aquatic humic substances [J]. Analchimacta，1997，337（2）：133-149.

[8] 马荣华，戴锦芳，张运林. 东太湖 CDOM 吸收光谱的影响因素与参数确定 [J]. 湖泊科学，2005（2）：120-126.

[9] Xu J，Wang Y，Gao D，et al. Optical properties and spatial distribution of chromophoric dissolved organic matter（CDOM） in Poyang Lake，China [J]. Journal of Great Lakes Research，2017，43（4）：700-709.

[10] Helms JR，Stubbins A，Ritchie JD，et al. Absorption Spectral Slopes and Slope Ratios as Indicators of Molecular Weight，Source，and Photobleaching of Chromophoric Dissolved Organic Matter [J]. Limnology & Oceanography，2008，53（3）：955-969.

[11] Lee Z，Carder KL，Arnone RA. Deriving inherent optical properties from water color：a multiband quasi-analytical algorithm for optically deep waters [J]. Appl Opt，2002，41（27）：5755-5772.

6 基于高分辨率影像的城市黑臭水体遥感监测应用示范

6.1 华北某城市黑臭水体遥感监管应用示范

6.1.1 概述

华北地区是位于我国北部的区域，地理分布上一般指秦岭—淮河线以北、长城以南的广大区域，包括北京市、天津市、河北省、山西省和内蒙古自治区中部（锡林郭勒盟、乌兰察布市、包头市和呼和浩特市）。华北地区主要为温带季风气候，夏季高温多雨，冬季寒冷干燥，年平均气温在 8～13℃，年降水量在 400～1 000 mm。内蒙古自治区降水量少于 400 mm，为半干旱区域。

华北地区的人口约占全国人口的 25%，因人口稠密导致生活污水排放量大，同时由于经济发达致使该地区工农业污水排放量也很大。此外，华北地区降水量较少，水循环周期短，河流自净能力弱且降水季节变化大，对河流污染物的稀释速度存在季节性差异，区域黑臭水体的水质特征与其他地区有所不同。因此，应针对该区域黑臭水体的特点构建华北地区城市黑臭水体遥感识别模型进行监测监管。

以华北某城市为例，截至 2016 年年底，共统计拟治理黑臭河段 61 条，总长度 286.95 km，总面积 13.73 km^2。经地方统计，截至 2017 年年底，61 条统计黑臭水体治理工程均已完工。如何利用遥感技术对完工的黑臭水体的治理效果、是否存在黑臭复发或新增黑臭水体河段等问题开展大面积同步、连续观测，及时快速获取监测信息，有效支撑黑臭水体监管显得尤为重要。

6.1.2 基于遥感的城市建成区边界提取

6.1.2.1 建成区数据源介绍

以 Landsat8-OLI（30 m 多光谱）影像作为城市建成区范围提取的主要数据源，Landsat7 ETM 和 GF-1 WFV（16 m 多光谱）影像作为辅助数据源。基于不透水面聚类分析提取建成区范围，并将其作为城市水域面积和水量变化状况的边界。

6.1.2.2 城市建成区遥感提取流程

结合不同的城市类型，以 Landsat8-OLI 为主、GF1-WFV（16 m 多光谱）为辅进行遥感提取，其数据源选取过程见图 6-1。

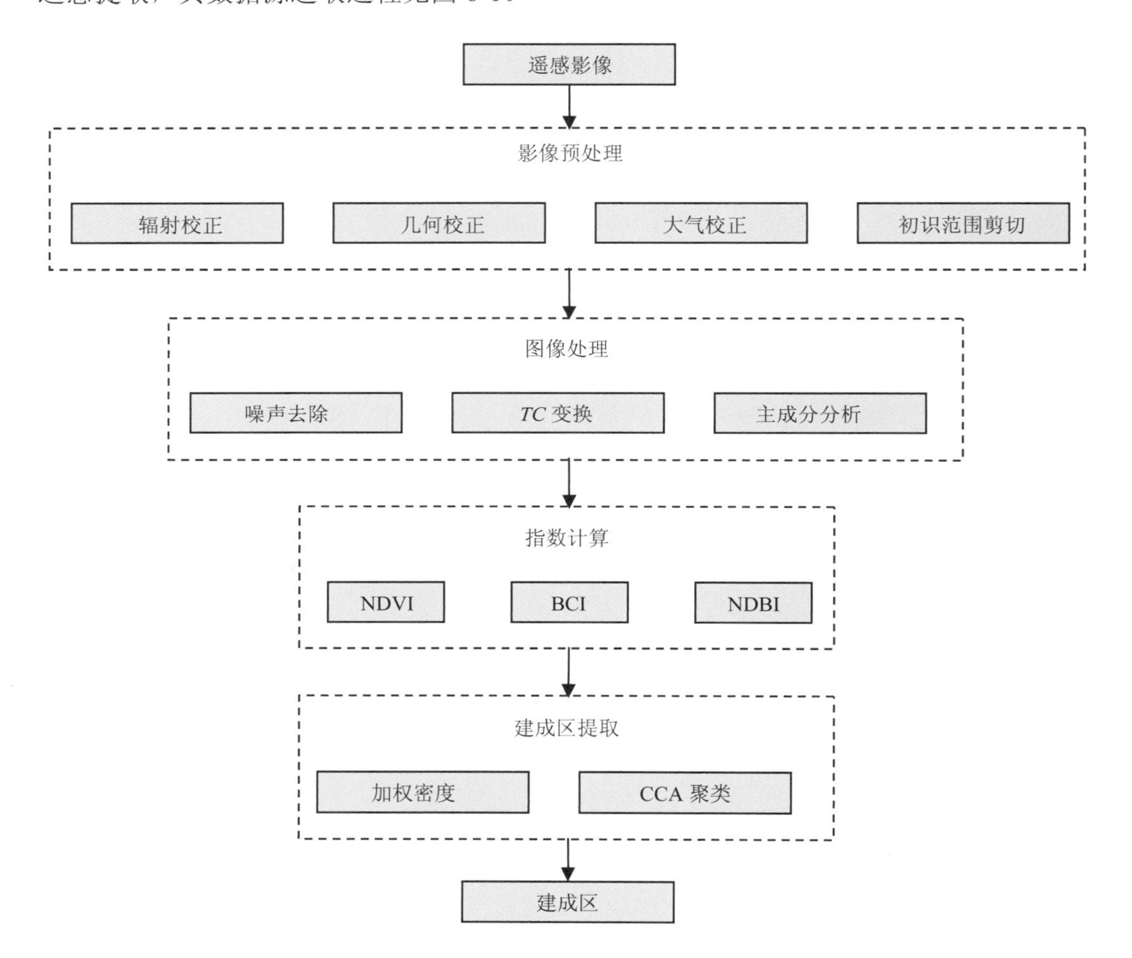

图 6-1 城市建成区遥感提取技术流程数据源选取

（1）数据预处理：主要是针对高分辨率传感器进行辐射校正、大气校正、几何校正和研究区的初始范围剪切。

（2）图像处理：主要进行噪声去除、*TC* 变换或主成分分析等。噪声去除应针对不同的传感器选择不同的去除方法。*TC* 变换是将多维波段空间转换成表示亮度、绿度和湿度的 3 个主要成分。

（3）指数计算及分析：通过提取 BCI 指数可以获取城市中的植被、不透水面和土壤组成。相比传统的 NDBI 指数，BCI 指数可以更好地区分光照土壤与高反照率不透水面；相较于 NDVI 指数，BCI 与植被丰度具有相当的一致性。

（4）城市建成区提取：由于不透水面指数得到的是一个离散分布的影像空间，因此其本身并不能完全反映建成区的空间分布。需要对不透水面的聚集密度进行进一步计算，通过城市聚类算法（Covering Clustering Algor-tithm，CCA）提取城市建成区范围。

6.1.2.3 基于遥感提取的华北某市建成区边界

华北某市建成区的提取主要是依据 2015 年 5 月 Landsat8 卫星 OLI 影像，提取方法主要是基于建成区不透水面的密度大而与周围地物相区分。通过提取得到 2015 年该建成区范围为 2 538.52 km^2。为了检验不透水面的提取精度，随机生成 300 个检验样本点，将自动提取结果与目视解译的结果进行对比，提取精度达到 89.34%，如图 6-2 所示。

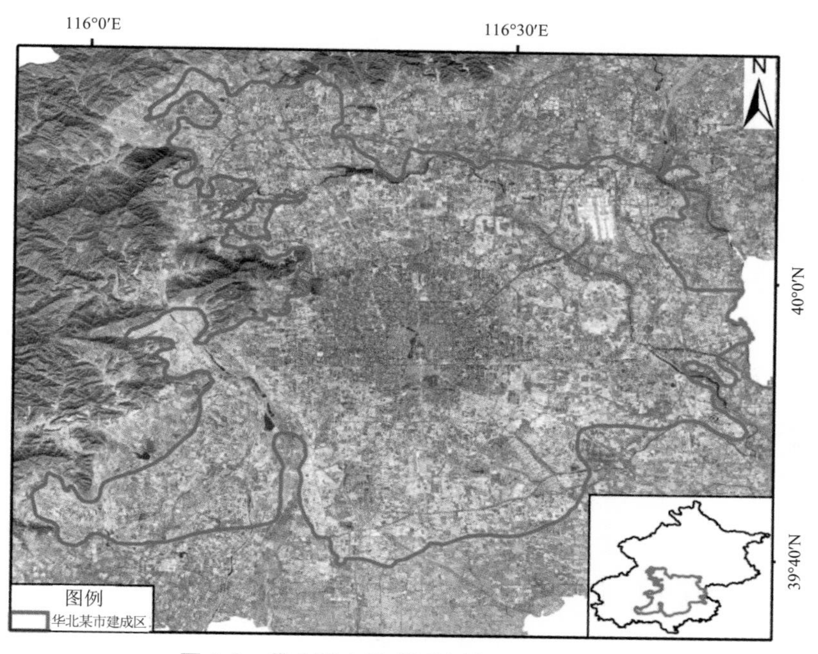

图 6-2 华北某市建成区边界（2015 年）

注：该建成区范围仅用于界定城市黑臭水体整治与监督的城市范围，是黑臭水体公众微信参与平台后端筛选举报有效性的必要基础数据，与规划部门统计获取的主城区建成区范围有所不同。

6.1.3 基于遥感的城市水域边界提取

6.1.3.1 数据源介绍

考虑到城市水环境遥感监测与管理的技术需求，选择空间分辨率较高且覆盖范围较广的 ZY3 MUX 数据作为主要数据源，GF-1 PMS、GF-2 CCD 作为辅助数据源，开展高空间分辨率遥感影像几何精校正、辐射校正、图像裁剪与拼接、图像融合及城市大气校正工作。为提取城市水体边界，在建成区范围内基于城市水域提取模型半自动提取高分辨率影像水体水域分布。

6.1.3.2 建成区水域遥感提取流程

利用遥感影像进行建成区内水域遥感提取主要包括影像预处理、样本选取与角-距相似度分析、BRAT 模型决策条件分析、水体种子识别与扩散、水域空间分布特征统计。具体流程如图 6-3 所示。

（1）影像预处理：建成区内水域识别对几何精度要求高，并且计算范围有限，因此在展开建成区水域分布提取之前，需要对遥感影像进行精确的几何精校正与区域剪切，从而减少数据运算量。

（2）样本选取与角-距相似度分析：在建成区范围内选取具有代表性的水域样本点，并选取其他非水体的代表性样本点，利用这些样本点，计算水体内部自身的角-距相似度以及水体与其他地物之间的角-距相似度。在此基础上，通过聚集频率指数的梯度，自动调整最佳的水体与非水体类型相似度分离阈值；通过水体样本在近红外通道的迭代优化频率统计，预设水体样本波谱范围。

（3）BRAT 模型决策条件分析：分别计算水体样本和非水体样本的 BRAT 模型决策条件，并从水体样本决策条件中将非水体样本决策条件剔除。

（4）水体种子识别与扩散：利用 BRAT 水体决策条件对整个研究区进行遍历，寻找符合条件的水体种子，之后通过计算种子的连通性将孤岛种子或噪声进行剔除，并在这些基础之上利用角-距相似度指数对整个区域进行种子扩散，最后通过扩散倍数对不符合条件的识别结果进行异常检测。

（5）水域空间分布特征统计：将识别的栅格结果自动转换为矢量结果，并结合基础影像空间参考信息自动计算水域面积和相对比例。

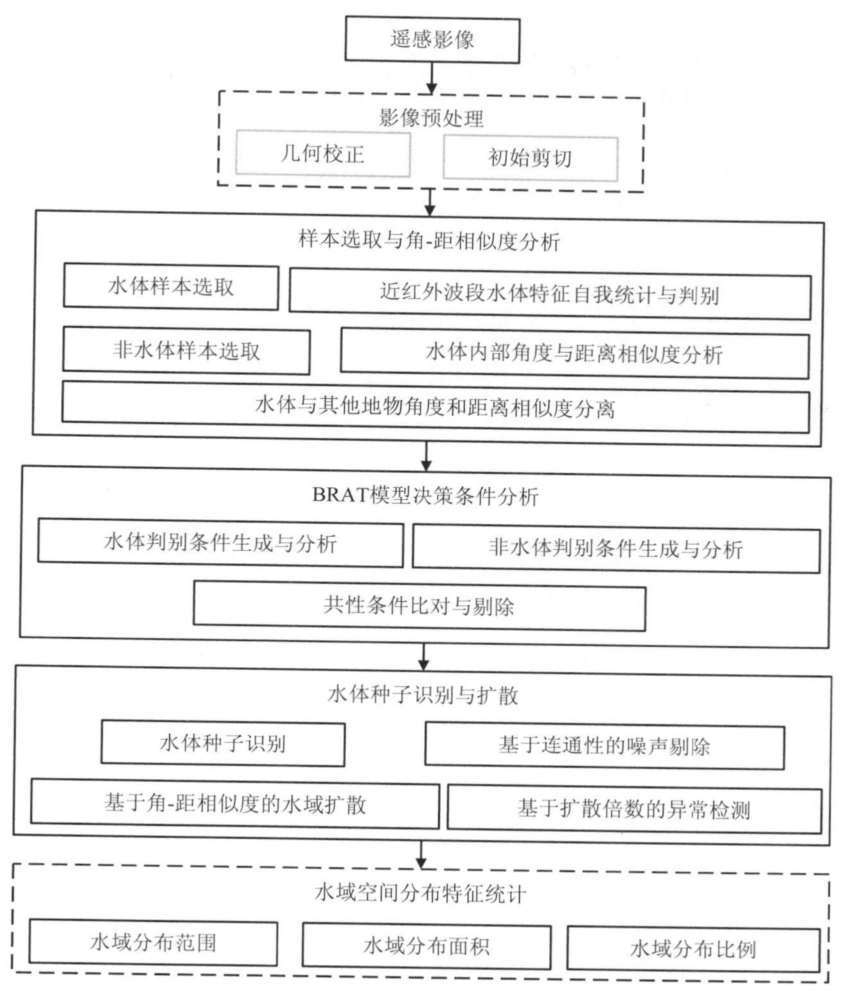

图 6-3 建成区水域识别技术路线

6.1.3.3 华北某市水域提取结果

华北某市建成区范围内水域提取主要根据融合后的 ZY3 卫星影像，分辨率达到了 2.1 m，提取的水域分布状况包括河流水域和湖泊坑塘水域（图 6-4）。根据提取的数据进行统计汇总，2015 年丰水期（基于 2015 年 9 月遥感影像获取）华北某市城市建成区水域总面积为 46.94 km^2，占建成区总面积的比例为 1.86%。由于季节性降雨、干旱造成的水位、水域分布变化，以及水生植被造成的水域识别误差等影响，此处的面积和比例仅针对影像成像时刻（2015 年 9 月）的实际面积，不针对全年最大或平均面积，与实际水体边界分布面积可能有所差异。

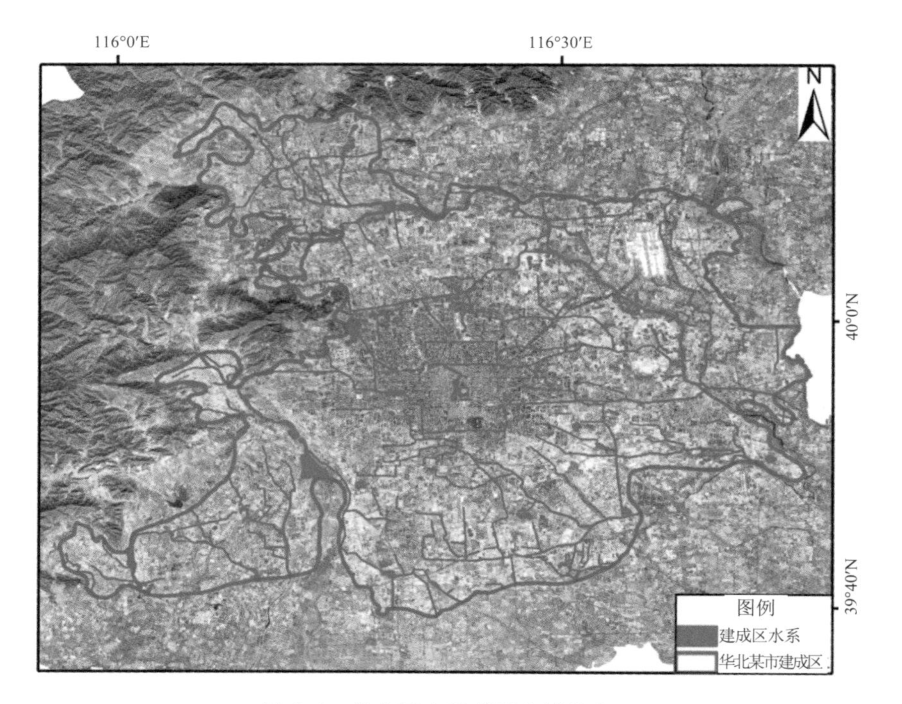

图 6-4 华北某市建成区水域分布

6.1.4 黑臭水体遥感筛查与地面验证

6.1.4.1 黑臭水体遥感识别

在华北某市开展了城市黑臭水体遥感地面试验，发现黑臭水体与正常水体在光谱特征有显著差异，具体表现为黑臭水体的遥感反射率和有色可溶性有机物含量（CDOM）要高于正常水体，基于此特征建立了黑臭水体遥感识别模型，在建成区上百条河流中提取 71 条拟筛查黑臭河段，有效提升了核查效率。

6.1.4.2 地面测量与采样验证

针对拟筛查黑臭河段开展现场验证与新闻舆情调查，共实地调查 97 个地面验证点，其中证实为黑臭水体的有 70 个，精度达到 72.16%，充分证明了遥感筛查黑臭水体的可行性。

6.1.4.3 验证结果

经空间统计分析，70 个黑臭点位分布在 22 个河段。

华北某市 61 个统计黑臭河段和 22 个疑似黑臭河段分布见图 6-5。

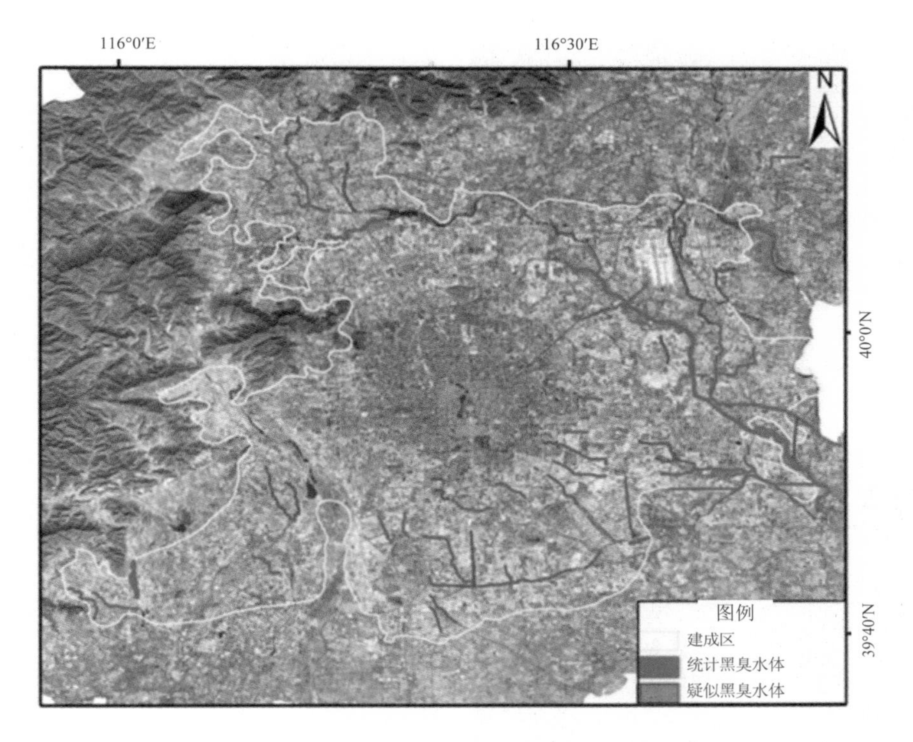

图 6-5　华北某市建成区黑臭水体分布

6.1.5　典型黑臭水体工程监管

基于高分二号、资源三号、北京二号等国产高空间分辨率遥感数据，辅以部分国外高分辨率遥感数据，针对重点督办黑臭河段，开展了整治工程的多时相监测（图 6-6）。

时间：2014 年 11 月 12 日

时间：2015 年 9 月 18 日

时间：2016 年 3 月 7 日

时间：2016 年 5 月 18 日

时间：2016 年 9 月 5 日

时间：2016 年 11 月 30 日

时间：2017 年 3 月 4 日

时间：2017 年 5 月 20 日

（a）河段 1

时间：2014 年 11 月 12 日

时间：2015 年 8 月 4 日

时间：2016 年 3 月 29 日

时间：2016 年 8 月 2 日

时间：2016 年 11 月 30 日

时间：2017 年 5 月 20 日

（b）河段 2

时间：2015 年 4 月 13 日

时间：2016 年 3 月 1 日

时间：2016 年 5 月 7 日

时间：2016 年 11 月 7 日

时间：2017 年 3 月 29 日

时间：2017 年 5 月 14 日

（c）河段 3

时间：2016 年 8 月 2 日

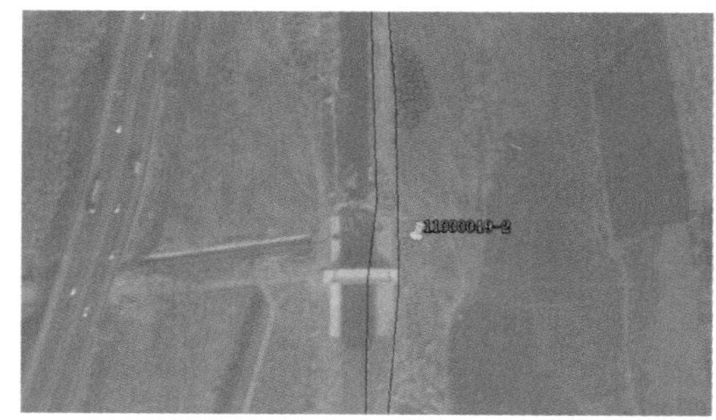

时间：2016 年 11 月 30 日

时间：2017 年 5 月 20 日

（d）河段 4

时间：2016 年 4 月 14 日

时间：2016 年 8 月 2 日

时间：2016 年 11 月 30 日

时间：2017 年 5 月 20 日

（e）河段 5

时间：2015 年 9 月 19 日

时间：2016 年 3 月 7 日

时间：2016 年 5 月 29 日

时间：2016 年 11 月 6 日

（f）河段 6

图 6-6 黑臭河段整治工程监测结果

6.2 东北某城市黑臭水体遥感监管应用示范

6.2.1 概述

东北地区指我国东北部的黑龙江省、吉林省、辽宁省及内蒙古自治区东部所构成的地理文化大区和经济大区，人口 1.2 亿人，面积 124 300 km^2，占全国总面积的 13.5%。全区自南向北跨中温带与寒温带，属温带季风气候，四季分明，夏季温热多雨，冬季寒冷干燥，是我国面积最大的平原区。

东北地区主要有黑龙江、松花江、鸭绿江、辽河等水系，东部多于西部，地表径流总量约为 1 500 亿 m^3，北部多于南部，河流径流量年际变化大，有结冰期及春汛。东北地区湖泊面积 4 600 多 km^2，约占我国湖泊总面积的 5.7%，并有大片湖沼湿地分布。

东北地区是我国最大的农产品基地，也是极其重要的工业基地，工、农业生产需耗费大量的水资源，也会形成大量“三废”（废气、废水、废渣）。近年来，东北地区大气环境及水环境有了不同程度的污染。其中，水污染的现状及问题主要表现为河流水质污染严重、部分饮用水水源地不达标、浅层地下水受到污染、城市水体黑臭现场严重等。同时，东北地区也开始采取积极推行循环经济，削减水源地上游工业和农业污染负荷，建立水质预警、预报及应急制度，调整产业结构，加快城市污水处理厂建设等一系列措施，大力整治城市水体污染，减少黑臭水体数量，改善水体水质。

东北地区黑臭水体水质特征因地理位置、人口密度、经济发达程度、气候特征、产业结构等因素与其他地区有所不同，因此应针对东北地区黑臭水体特征建立遥感识别模型进行监测监管。下面以东北某城市为例进行黑臭水体遥感监测示范。

截至2016年2月18日，东北某市区内统计黑臭水体为5条河段，总长度51.170 9 km，水域面积 0.917 3 km^2（图 6-7）。

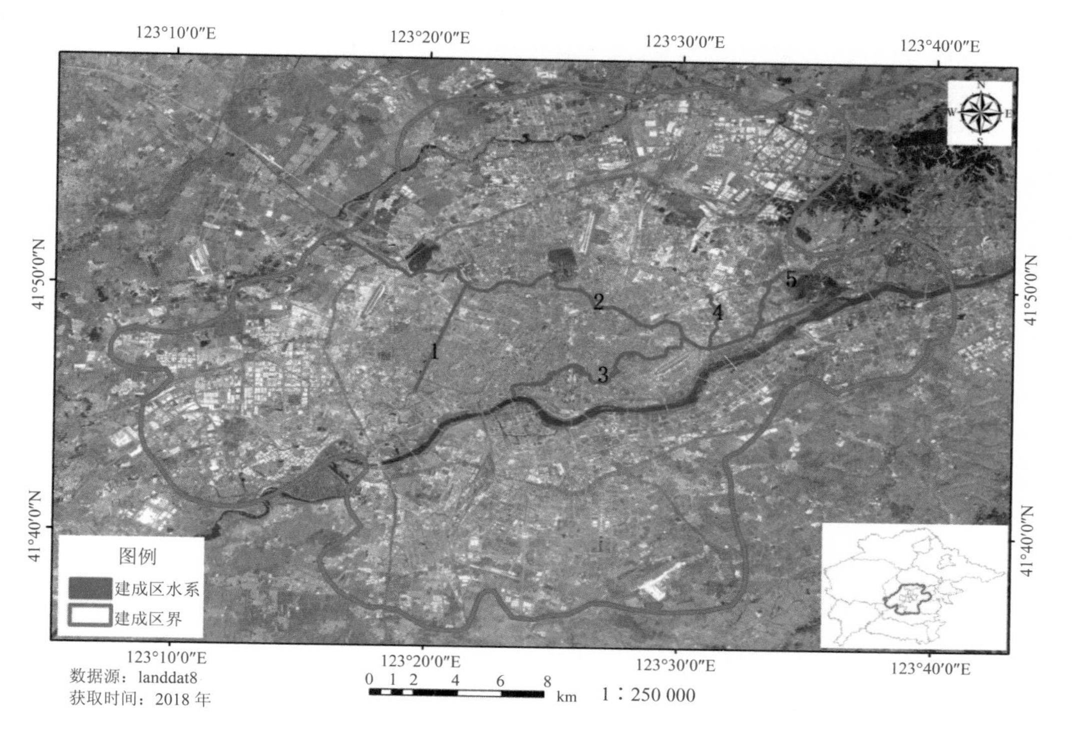

图 6-7 东北某城市统计黑臭水体分布

2015 年 7 月 16—18 日、2016 年 9 月 19—20 日和 2016 年 10 月 9—11 日，在建成区范围内开展了 3 次野外水面试验，采集了 50 个黑臭水体样点数据，同时还采集了 46 个一般水体样点数据。在每个样点都测量了水面光谱并采集水样送回实验室分析水质参数。其中，2016 年 9 月 19 日 GF-2 卫星同步过境，试验同步点（±2 h 内）共 14 个采样点，具体现场试验点位如图 6-8 所示。

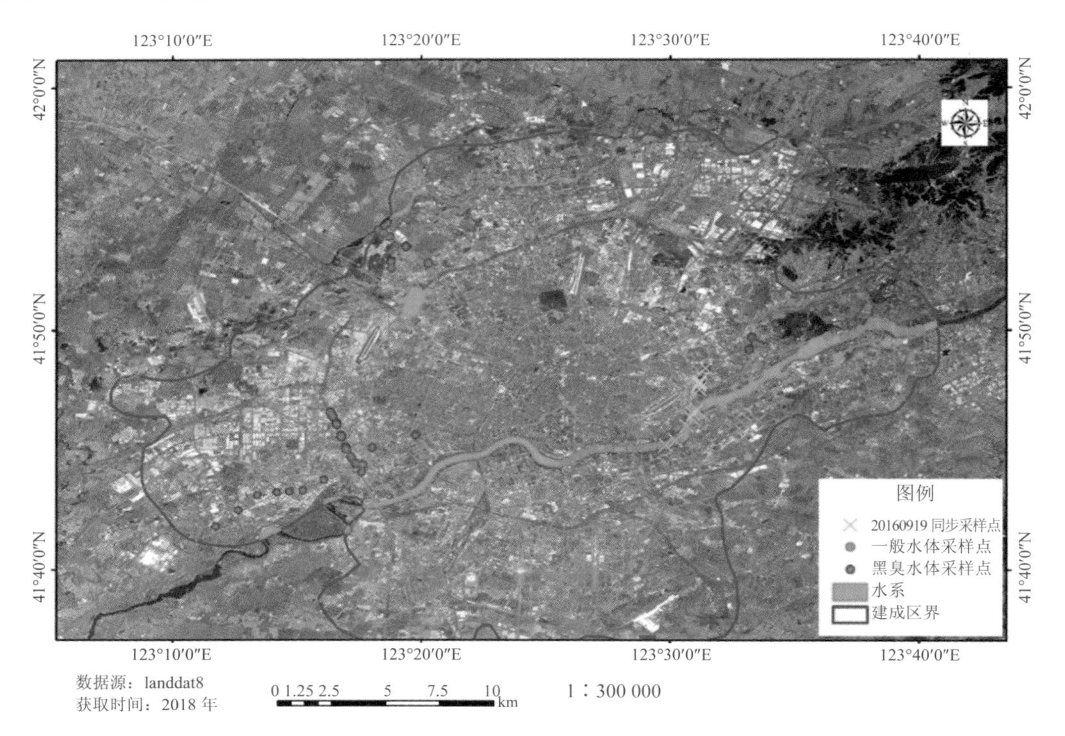

图 6-8 东北某城市黑臭水体现场试验点位

6.2.2 基于遥感的城市建成区边界提取

已成片开发市政公用设施和公共设施并实际建设发展起来的非农业生产建设地段主要包括市区集中连片的部分以及分散在近郊区域与城市有密切联系的地段、具有基本完善的市政公用设施的城市建设用地（如机场、污水处理厂、通信电台），不包括市区内面积较大的农田和不适宜建设的地段，城市建成区如图 6-9 中红线所示范围。

6.2.3 基于遥感的城市水域边界提取

对融合后的图像使用 NDWI 水体指数法进行水体提取，使用 ROI 修改水体掩膜，剔除河岸两边明显的混合像元，并对较为细小的河流进行补全，生成水系的二值图，然后将精确水系二值图转化成.shp 格式的水系矢量文件，完成水域边界的提取（图 6-10）。

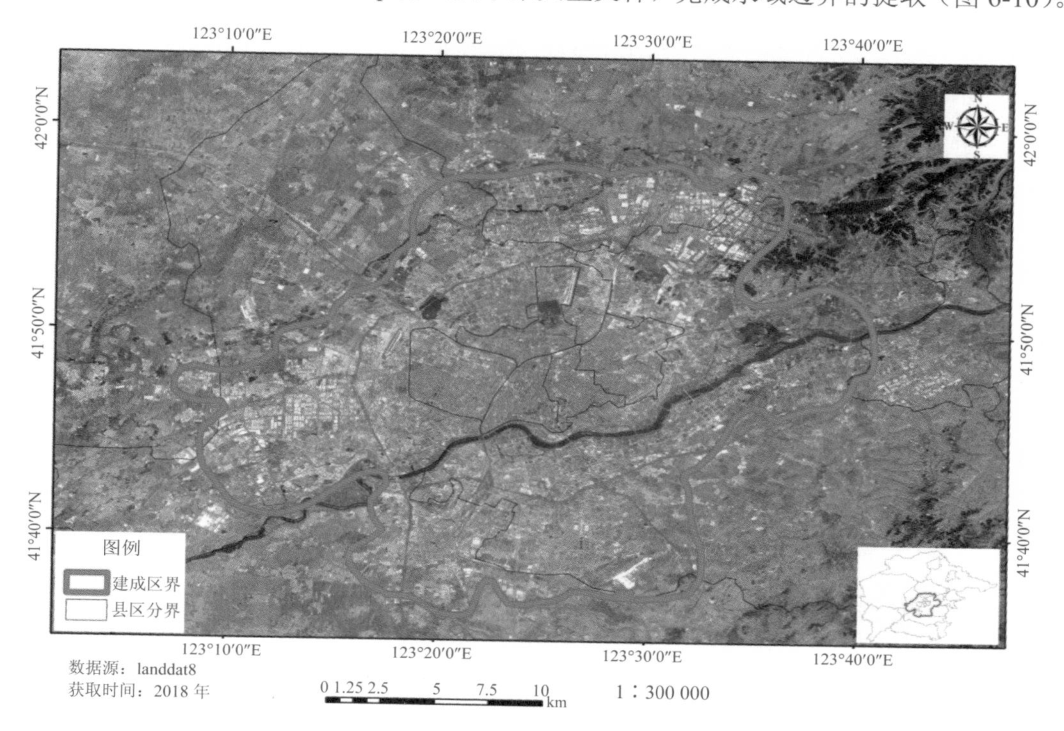

图 6-9　东北某城市建成区边界

（a）提取示例

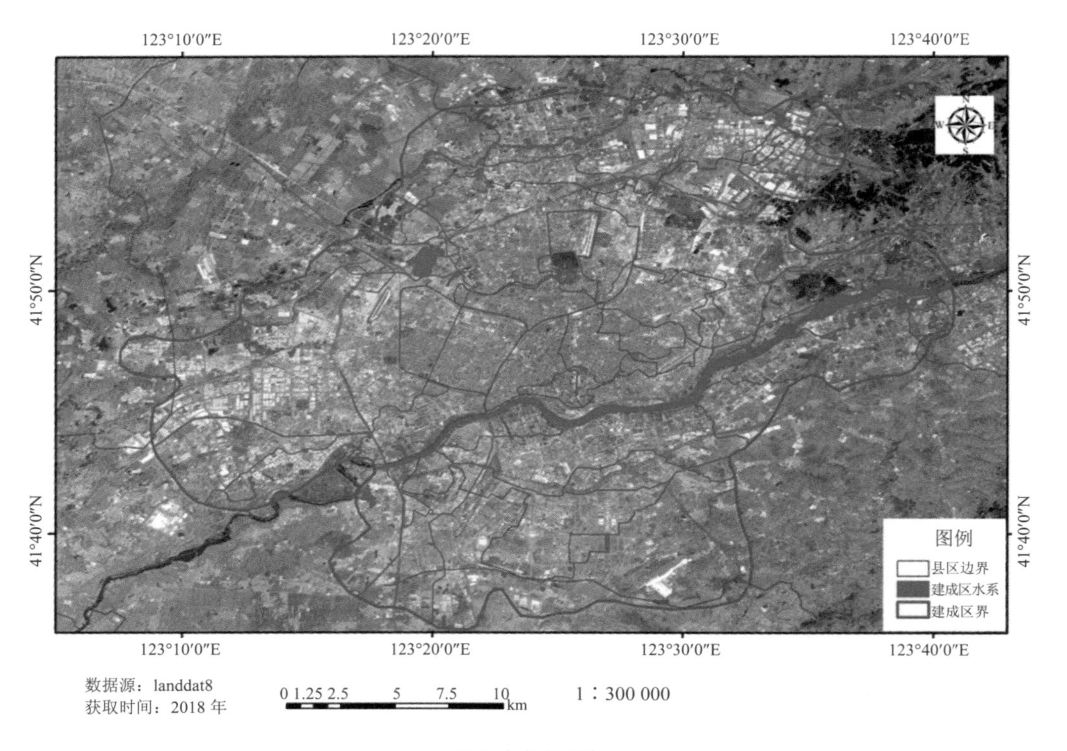

（b）东北某城市

图 6-10 水域边界提取

6.2.4 黑臭水体遥感筛查与地面验证

6.2.4.1 黑臭水体遥感识别

基于 2016 年高分辨率遥感影像，利用已建立的遥感识别与筛查规则，包括河道断流特征、河面浮萍特征、水生植被特征、滩涂特征、河道硬化特征、水面光谱特征等，在市建成区识别出 32 条疑似黑臭水体河段，具体分布见图 6-11。

6.2.4.2 地面测量与采样验证

为了验证遥感识别和筛查的精度，2016 年 6 月 13—16 日在建成区范围内开展了黑臭水体地面验证试验。根据遥感疑似黑臭水体分布和已统计的黑臭水体名单分布共设定了 44 个地面验证点作为地面调查范围，由于道路限制等原因，测量完成 22 个试验点位（图 6-12）。

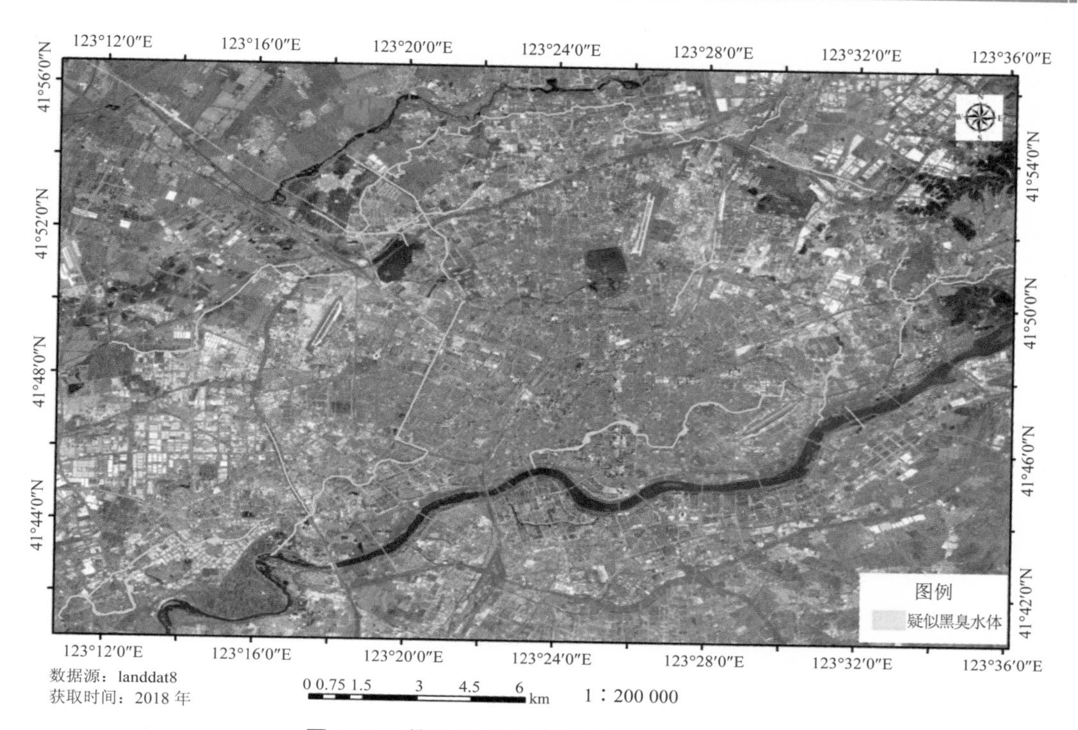

图 6-11 基于遥感识别的疑似黑臭水体分布

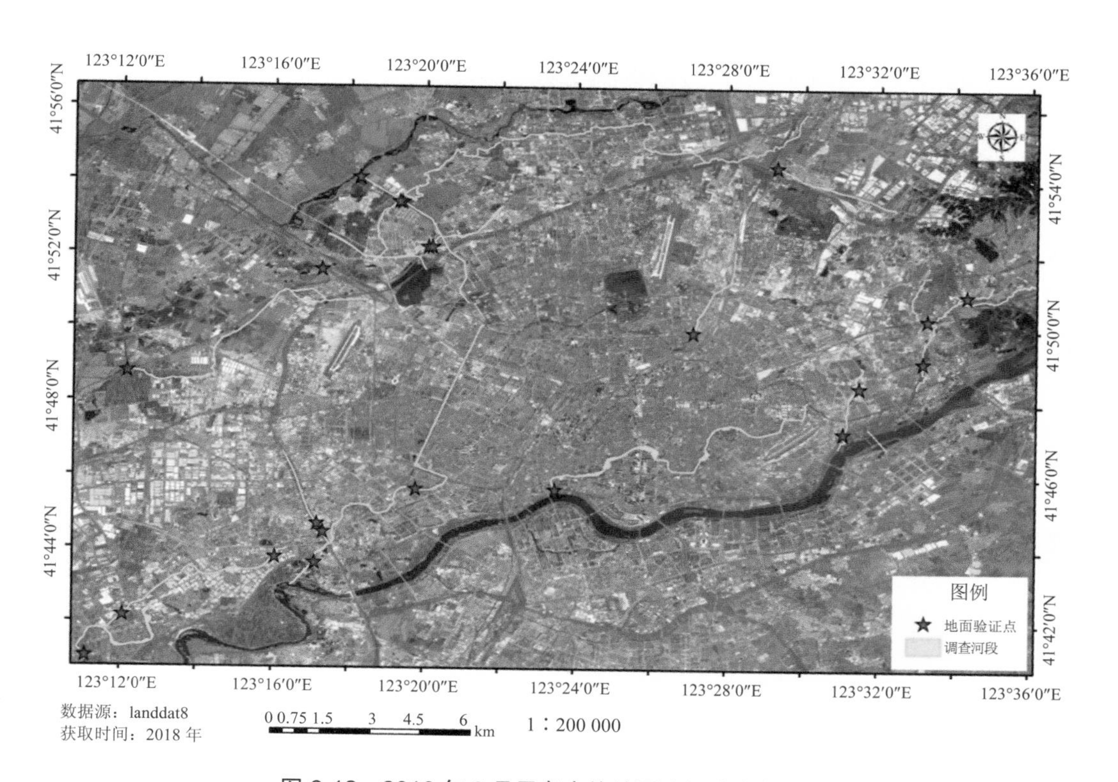

图 6-12 2016 年 6 月黑臭水体地面验证试验点分布

根据黑臭水体遥感筛查与地面验证技术规范的要求开展地面验证试验，记录了经纬度、河段名称、水面、岸边、污染排放、典型地物等，如果现场判断为疑似黑臭水体河段，则还需进行水体采样和水质原位测量，主要测量 pH 值、氧化还原电位、溶解氧、透明度、水温、氨氮等指标，用于进一步验证疑似黑臭河段的正确性，判别统计黑臭名单的准确性。

6.2.4.3 验证结果

经过实地验证，按照《城市黑臭水体整治工作指南》中黑臭水体现场判别标准，对疑似河段的典型断面进行了现场实地验证，共获得 7 条疑似黑臭水体，其中轻度黑臭水体 4 条、重度黑臭水体 3 条，分布在建成区的各个区域（图 6-13），名单如表 6-1 所示。

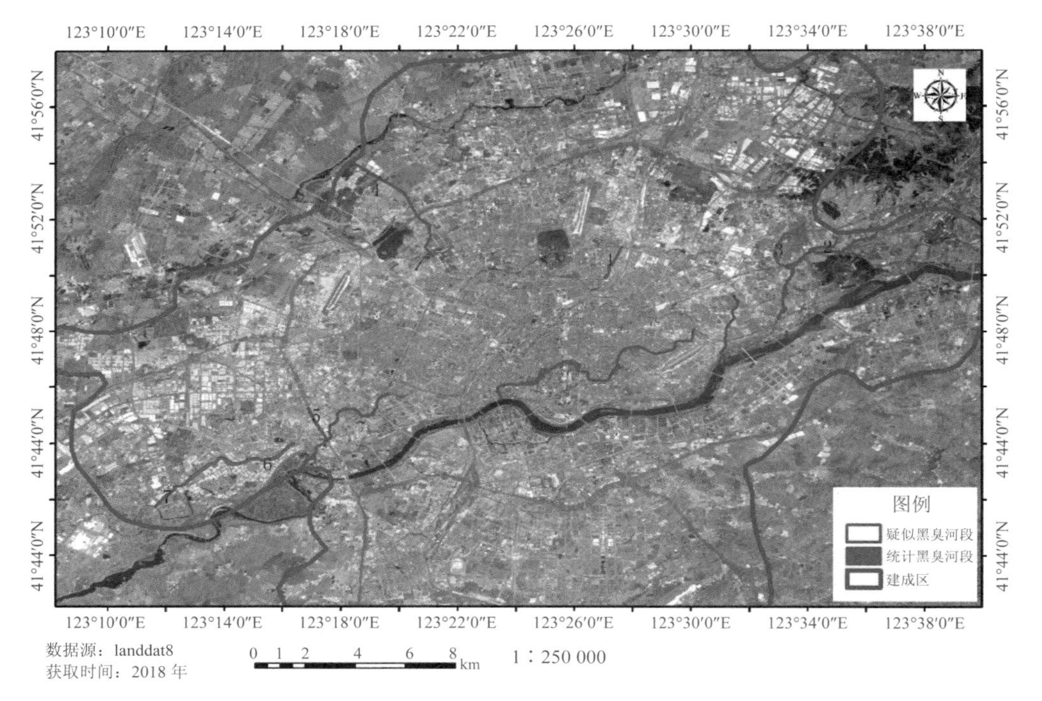

图 6-13 地方统计与遥感识别实地验证河段分布

表 6-1 7 条疑似黑臭水体名单

河流编号	河流名称	黑臭级别
1	河段 1	轻度黑臭
2	河段 2	重度黑臭
3	河段 3	轻度黑臭
4	河段 4	重度黑臭
5	河段 5	重度黑臭
6	河段 6	轻度黑臭
7	河段 7	轻度黑臭

6.2.5 典型黑臭水体工程监管

市建成区重点监督治理的黑臭水体为重点河段 1、重点河段 2 和重点河段 3。根据影像判断、现场实地调查及统计情况，3 条黑臭水体具体整治效果及监督、调查情况如下：

6.2.5.1 重点河段 1

2016 年 10 月 10 日重点河段 1 现场试验情况见表 6-2、图 6-14。

表 6-2 重点河段 1 2016 年 10 月 10 日现场调查统计

点号	透明度/cm	溶解氧/（mg/L）	氧化还原电位/mV	水面状况	黑臭判别
XSY14	27.2	0.9	−1	黑色，无味，表面清洁	轻度黑臭
XSY15	30.2	3.17	+50	黑色，无味，表面清洁	一般水体
XSY16	28.4	1.63	+41	黑色，无味，表面清洁	轻度黑臭
XSY25	13.3	4.75	+69	黑灰色，有块状漂浮物，微臭	轻度黑臭

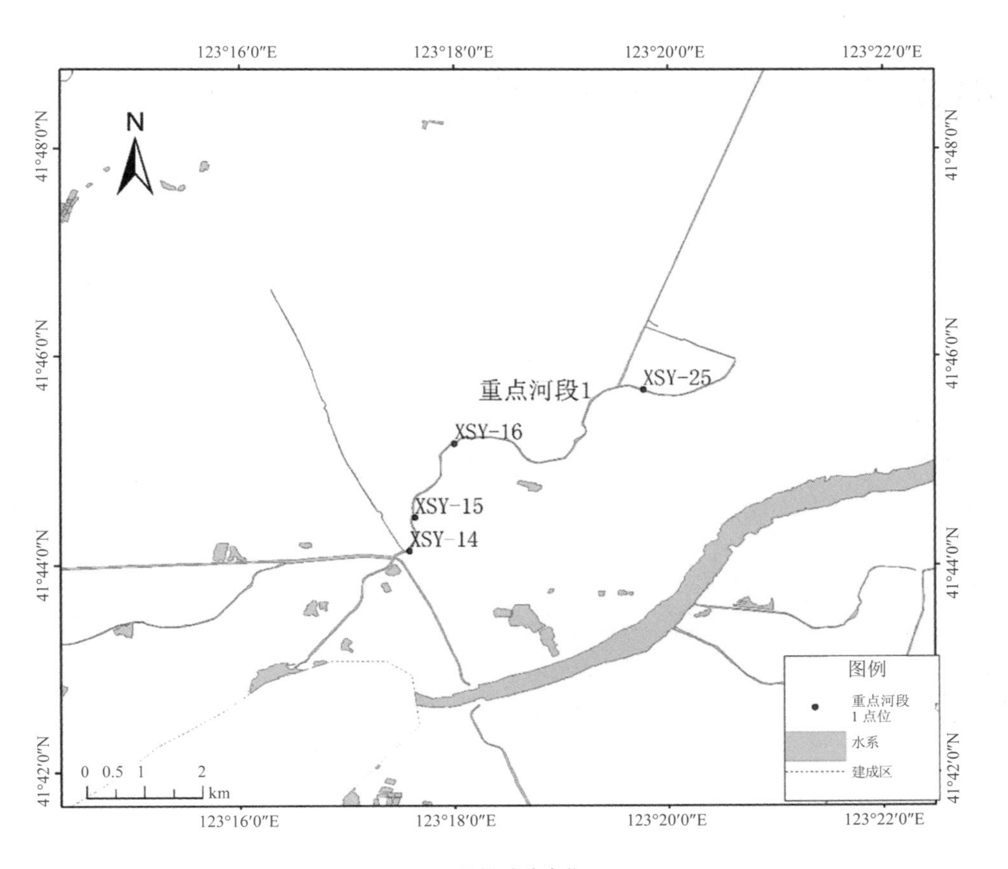

（a）现场试验点位

（b）XSY16 号点

（c）XSY25 号点

图 6-14 重点河段 1 2016 年 10 月 10 日现场试验点位及照片

2017 年 10 月 24 日，现场试验点位与 2016 年 10 月 10 日的点位完全相同，现场试验数据见表 6-3，现场照片如图 6-15 所示。

表 6-3 重点河段 1 2017 年 10 月 24 日现场调查统计

点号	透明度/cm	氧化还原电位/mV	溶解氧/（mg/L）	水面状况	黑臭判别
XSY-14	10	+108	5.83	灰褐色	轻度黑臭
XSY-15	2.6	+58	5.43	黑色，浑浊	重度黑臭
XSY-16	17.4	+150	6.37	黑色，浑浊	轻度黑臭
XSY-25	23	+119	7.41	黑褐色	轻度黑臭

（a）XSY15 号点

（b）XSY25 号点

图 6-15 重点河段 1 2017 年 10 月 24 日现场照片

2017 年 11 月 28 日，全国城市黑臭水体整治监管平台上显示重点河段 1 目前状态为治理中，统计的治理措施为控源截污，主要包括截污、清淤、水利与护坡改造等工程，黑臭水体整治资金为 7 500 万元。根据 2016 年 10 月 10 日现场调查试验结果，重点河段 1 水体呈黑灰色，有漂浮物，现场判定为轻度黑臭；根据 2017 年 10 月 24 日现场调查结果，重点河段 1 水体呈灰黑褐色、浑浊，现场判定为轻度黑臭。统计情况与监测情况一致。

6.2.5.2 重点河段 2

2017 年 6 月 18 日重点河段 2 现场调查情况见表 6-4、图 6-16。

表 6-4 重点河段 2 2017 年 6 月 18 日现场调查统计

点号	实地情况	黑臭判别
M1	灰色，较臭，漂浮油污，浑浊	重度黑臭
M8	深灰色，非常臭，很浑浊，大量油污	重度黑臭

（a）现场调查点位

（b）M1 号点　　（c）M8 号点

图 6-16　重点河段 2　2017 年 6 月 18 日现场调查点位及照片

2017 年 11 月 28 日，全国城市黑臭水体整治监管平台上显示重点河段 2 目前状态为治理中，统计的治理措施为控源截污，主要包括截污、清淤、水利与护坡改造等工程，黑臭水体整治资金为 13 500 万元。根据 2017 年 6 月 18 日现场调查结果，重点河段 2 水体呈深灰色、极臭，河面有大量油污，水体较为浑浊，判定为重度黑臭。统计情况与监测情况一致。

6.2.5.3　重点河段 3

2017 年 6 月 18 日重点河段 3 现场调查情况见表 6-5、图 6-17。

表 6-5　重点河段 3　2017 年 6 月 18 日现场调查统计

点号	实地情况	黑臭判别
X11	浅绿色，透明度很高，无异味	一般水体

2017 年 11 月 28 日，全国城市黑臭水体整治监管平台上显示重点河段 3 状态为治理中，统计的治理措施为控源截污，主要包括截污、清淤、水利与护坡改造等工程，黑臭水体整治资金为 131 500 万元。根据 2017 年 6 月 18 日现场调查结果，重点河段 3 水体呈浅绿色、无异味、透明度很高，水体较为清洁，由于在重点河段 2 附近，与重点河段 2 对比判定为一般水体。重点河段 3 为治理中。重点监督的 3 条河道均为治理中，与遥感监测结果吻合，吻合度为 100%。

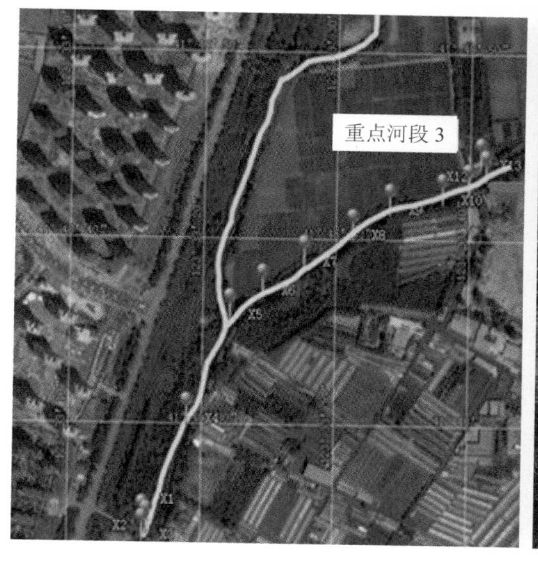

（a）现场调查点位

（b）X11 号点

图 6-17 重点河段 3 2017 年 6 月 18 日现场调查点位及照片

6.3 长江中下游某城市黑臭水体遥感监管应用示范

6.3.1 概述

长江中下游地区是指我国长江三峡以东的中下游沿岸带状平原，为我国三大平原之一。该地区地跨我国鄂、湘、赣、皖、苏、浙、沪 7 个省市，由长江及其支流冲积而成，面积在 20 多万 km²，地势低平，海拔大多在 50 m 左右。中游平原包括湖北江汉平原、湖南洞庭湖平原（合称两湖平原）和江西鄱阳湖平原；下游平原包括安徽长江沿岸平原和巢湖平原（皖中平原）以及江苏、浙江、上海间的长江三角洲。气候大部分属北亚热带，小部分属中亚热带北缘，年均温度 14～18℃，年降水量 1 000～1 400 mm，集中于春、夏两季。

长江中下游地区的长江天然水系及纵横交错的人工河渠使该区成为全国河网密度最大的地区，区域内最主要的河流为长江及其支流汉江，而且区域内河流多为冲积性河流。长江中下游地区河汊纵横交错、湖荡星罗棋布，湖泊面积 2 万 km²，相当于平原面积的 10%。两湖平原上较大的湖泊有 1 300 多个，如包括小湖泊则共计 1 万多个，面积约 1.2 万 km^2，占两湖平原面积的 20%以上，是我国湖泊最多的地方。我国著名的五大淡水湖——鄱阳湖、洞庭湖、太湖、洪泽湖和巢湖都分布在这里，与长江相通，具有调节水量、削减洪峰的天然水库作用。

长江中下游平原区内河水系的水污染较严重，水生态呈相对恶化趋势。2010 年，湖北省降水较常年偏多 22.5%，即使如此其地表水水质比往年还略有下降，主要湖泊、水库中水质较差、符合Ⅳ类和Ⅴ类标准的占 36.4%，水质污染严重、为劣Ⅴ类的占 9.1%。位于长江三角洲腹地的太湖流域，水质在 20 世纪 60 年代为Ⅰ～Ⅱ类，70 年代为Ⅱ类，80 年代初为Ⅱ～Ⅲ类，80 年代末全面进入Ⅲ类、局部为Ⅳ类，90 年代中期平均为Ⅳ类，1/3 湖区的水质为Ⅴ类或劣Ⅴ类；到 2012 年，该湖水质以Ⅴ类为主，蓝藻、水华频发，湖泊富营养化严重。

随着长江中下游平原区经济的快速发展，污水排放有增无减，由于大量工业废水和生活污水未经处理直接排入内河水系，加之农业大量使用化肥农药，长江中下游平原区河沟、湖泊水污染难以有效控制，导致水环境恶化、水生态系统退化、水质型缺水普遍。另外，因水环境恶化，天然鱼类等水生生物资源衰退，物种生物多样性下降。

长江中下游地区水系分布广泛，其气候特征、降水特征与其他地区有所不同，相应地，黑臭水体水质的表现特征也会有所不同。针对长江中下游地区，构建了黑臭水体遥感识别模型进行监测监管。以长江中下游某市为例，该市从 2013 年开始实施城市河道整治计划，在黑臭河道治理中采取“河长”责任制，由地方政府负责人担任“河长”，强化环境责任落实和考核。

6.3.2 基于遥感的城市建成区边界提取

建成区是指城市行政区内实际已成片开发建设、市政公用设施和公共设施基本具备的地区。建成区范围一般是指建成区外轮廓线所能包括的地区，也就是这个城市实际建设用地所达到的界线范围。基于 2016 年卫星遥感影像，获得该市建成区范围（图 6-18）。

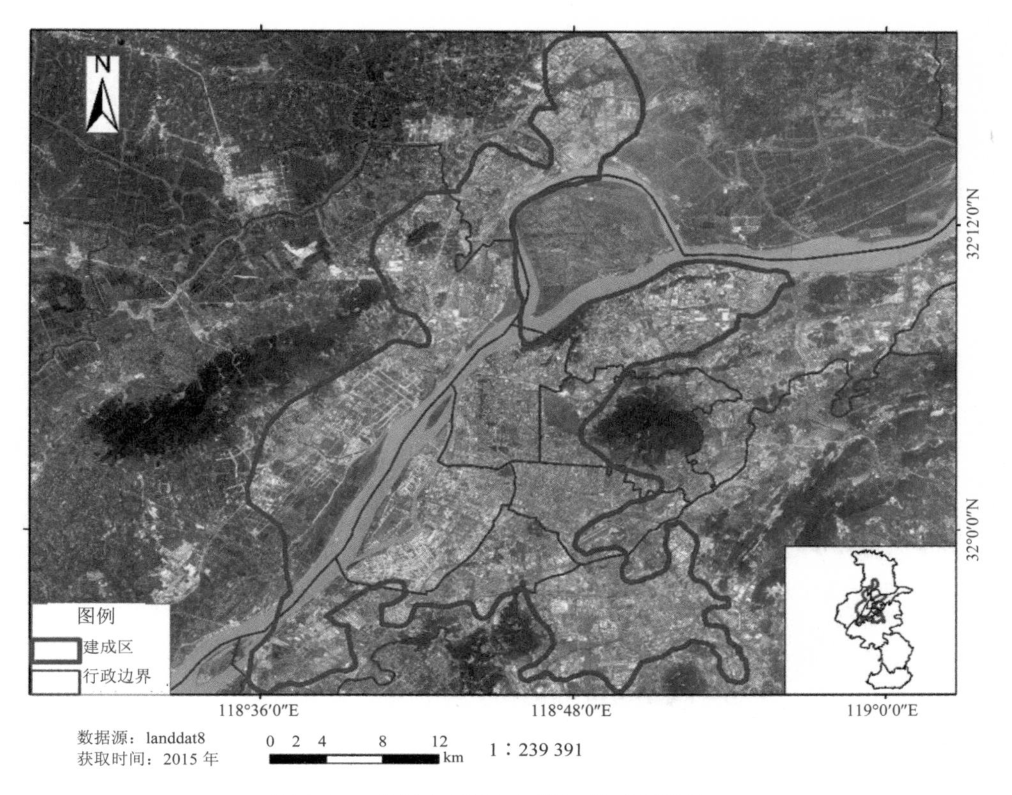

图 6-18 长江中下游地区某市建成区边界

6.3.3 基于遥感的城市水域边界提取

该市水域面积达 11%以上，境内共有大小河道 120 条，长江穿城，沿江岸线总长近 200 km。根据融合后的 ZY-3 卫星影像（分辨率 2.1 m），使用 NDWI 水体指数对建成区水体进行提取，并使用 ROI 修改水体掩膜，剔除河岸两边明显的混合像元，并补全细小河流，生成水系的二值图，然后将精确水系二值图转化成.shp 格式的水系矢量文件，完成水域边界的提取。

长江中下游地区某市建成区水系分布如图 6-19 所示。

图 6-19 长江中下游地区某市水系分布

6.3.4 黑臭水体遥感筛查与地面验证

6.3.4.1 黑臭水体遥感识别

根据开展的城市黑臭水体野外调查实验显示，城市黑臭水体和一般水体的光谱特征差异明显。对 29 组黑臭水体光谱等效后数据和 18 组一般水体光谱等效后数据取均值，如图 6-20 所示。总体来说，黑臭水体光谱在 550～700 nm 范围内整体走势平缓，峰谷不突出，结合 GF-2 传感器波段设置，在第一、第二波段和第二、第三波段的数值差异小于一般水体，且光谱斜率最小。

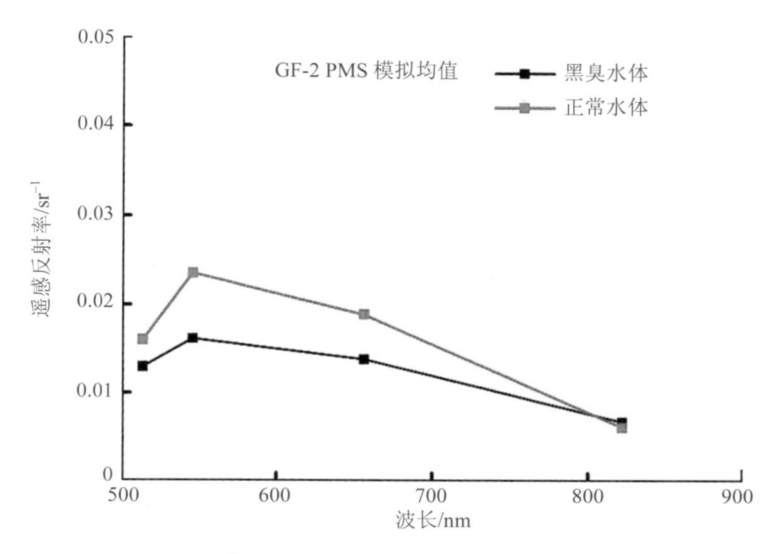

图 6-20 黑臭水体和正常水体光谱 GF-2 PMS 模拟结果

根据黑臭水体和一般水体的光谱差异，构建适用于长江中下游地区某市的黑臭水体识别算法。通过 2015 年高分辨率遥感影像，利用建立的遥感识别与筛查规则，如河道断流特征、河面浮萍特征、水生植被特征、滩涂特征、河道硬化特征、水面光谱特征，从该市建成区识别出 56 条疑似黑臭河段，分布在各城区。所有疑似黑臭河段具体分布见图 6-21。

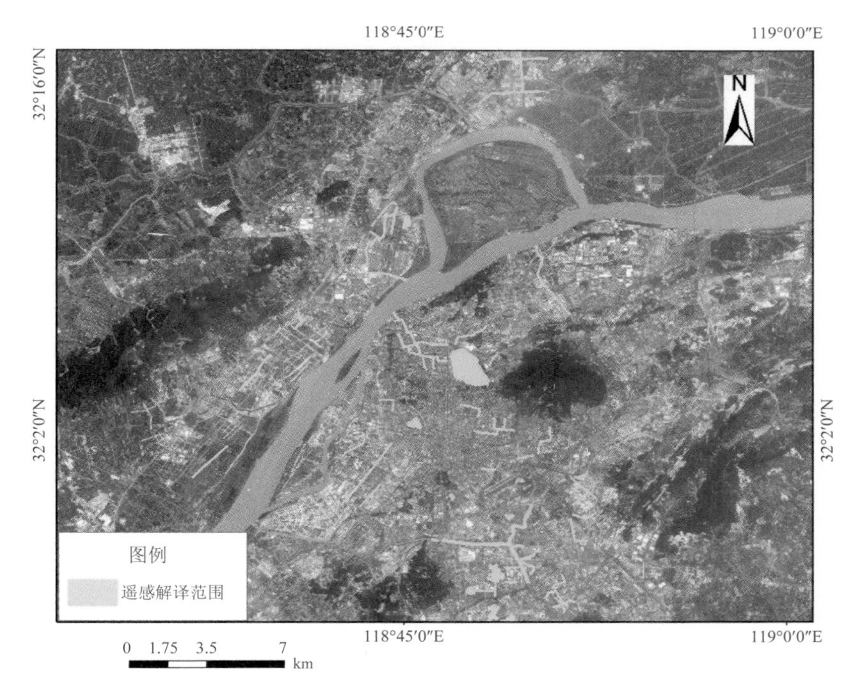

图 6-21 基于遥感识别的长江中下游地区某市疑似黑臭水体分布

6.3.4.2 地面测量与采样验证

为了验证遥感识别和筛查的精度，2016 年 4 月 24 日开展了黑臭水体地面验证试验。根据疑似黑臭水体分布和已统计黑臭水体名单分布共设置了 31 个地面调查点作为地面调查范围。调查点分布如图 6-22 所示。

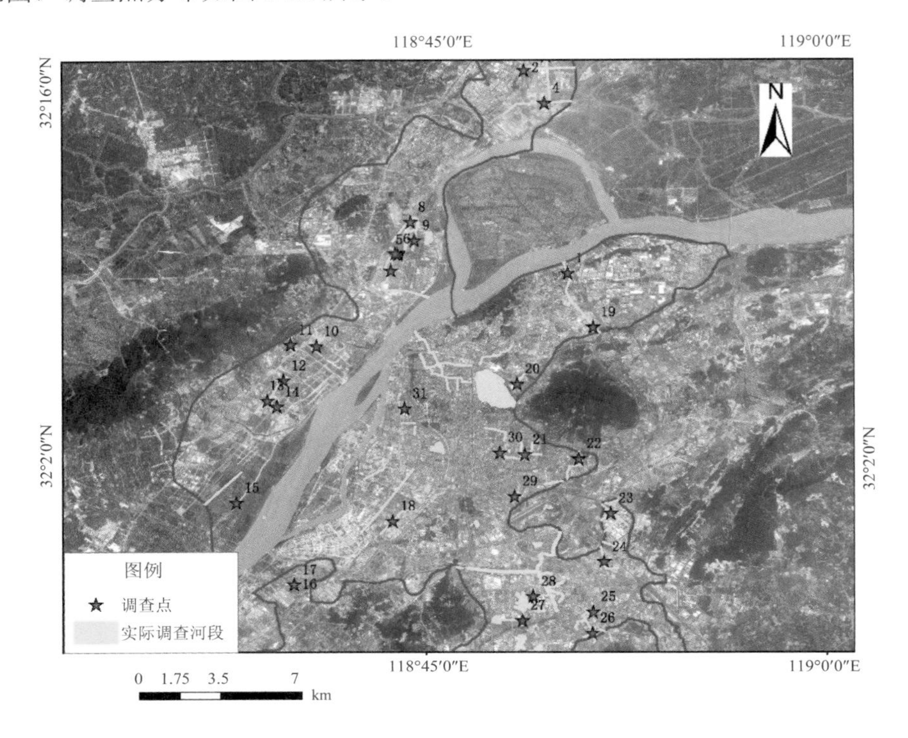

图 6-22 2016 年 4 月地面验证试验调查点分布

地面验证试验记录了试验位置的经纬度、河段名称、水面状况、岸边状况、排污口情况、周围环境特征等要素，现场采集水样并测量 pH 值、氧化还原电位、溶解氧、水温、透明度等指标，用于进一步验证疑似黑臭河段的正确性，判别统计黑臭名单和遥感黑臭提取的准确性。

6.3.4.3 验证结果

经过实地验证，按照《城市黑臭水体整治工作指南》的黑臭水体现场判别标准，对 45 条疑似黑臭河段典型断面进行现场实地考察验证。经现场考察和指标综合分析，建成区共有 31 条黑臭水体，其中轻度黑臭水体 16 条、重度黑臭水体 15 条。根据遥感建模以及实地验证结果，将统计黑臭河段和疑似黑臭河段汇总制图（图 6-23）。56 条统计黑臭河段和疑似黑臭河段汇总信息如表 6-6 所示。

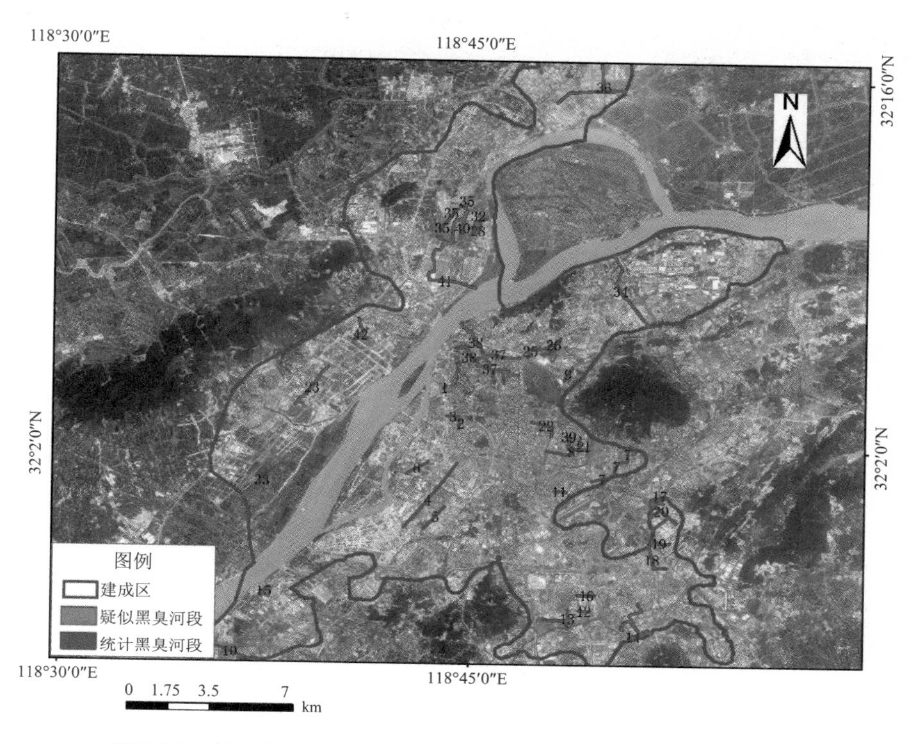

图 6-23 长江中下游某市地方统计与遥感识别实地验证河段分布

表 6-6 黑臭河段实地验证结果

编号	河段名称	长度/km	面积/km^2	是否统计	遥感识别结果	实地判断结果
1	河段 1	0.207	0.003 2	是	重度	重度
2	河段 2	0.587	0.004 5	是	重度	重度
3	河段 3	0.764	0.005 0	是	轻度	轻度
4	河段 4	5.447	0.109 1	是	重度	重度
5	河段 5	1.969	0.030 8	是	轻度	重度
6	河段 6	1.543	0.020 1	是	轻度	轻度
7	河段 7	3.608	0.058 9	是	重度	重度
8	河段 8	2.812	0.034 0	是	重度	重度
9	河段 9	1.073	0.015 3	是	轻度	轻度
10	河段 10	2.472	0.037 2	是	轻度	轻度
11	河段 11	0.721	0.014 6	是	轻度	轻度
12	河段 12	2.39	0.037 4	否	轻度	轻度
13	河段 13	0.65	0.006 6	否	重度	重度

编号	河段名称	长度/km	面积/km^2	是否统计	遥感识别结果	实地判断结果
14	河段 14	5.429	0.102	否	重度	重度
15	河段 15	1.005	0.120	否	重度	重度
16	河段 16	1.211	0.025 6	否	轻度	轻度
17	河段 17	2.34	0.051 3	否	轻度	轻度
18	河段 18	1.138	0.031 8	否	轻度	轻度
19	河段 19	4.097	0.064 5	否	重度	重度
20	河段 20	0.745	0.025 7	否	轻度	轻度
21	河段 21	1.206	0.015 4	否	轻度	轻度
22	河段 22	5.837	0.118 2	否	重度	重度
23	河段 23	1.865	0.025 3	否	重度	轻度
24	河段 24	1.164	0.024 2	否	轻度	轻度
25	河段 25	0.825	0.008 5	否	重度	重度
26	河段 26	1.04	0.024 7	否	重度	重度
27	河段 27	4.88	0.061 4	否	重度	重度
28	河段 28	0.068	0.004 4	否	轻度	轻度
29	河段 29	0.358	0.043 4	否	轻度	轻度
30	河段 30	0.19	0.028 4	否	轻度	轻度
31	河段 31	0.286	0.034 2	否	重度	重度
32	河段 32	0.148	0.015 1	否	轻度	轻度
33	河段 33	0.138	0.035 3	否	轻度	重度
34	河段 34	3.11	0.065 8	否	重度	重度
35	河段 35	1.973	0.023 5	否	轻度	轻度
36	河段 36	5.099	0.175 5	否	重度	重度
37	河段 37	6.055	0.137 1	否	重度	重度
38	河段 38	1.303	0.022 5	否	轻度	轻度
39	河段 39	5.874	0.2	否	重度	轻度
40	河段 40	1.035	0.027 5	否	重度	重度
41	河段 41	11.081	0.238	否	重度	重度
42	河段 42	6.859	0.095	否	重度	轻度
43	河段 43	3.175	3.848 7	否	重度	一般
44	河段 44	1.290	0.676 1	否	重度	一般
45	河段 45	1.323	0.362 7	否	重度	一般
46	河段 46	0.548	0.162 0	否	重度	一般
47	河段 47	0.717	0.326 1	否	轻度	一般

编号	河段名称	长度/km	面积/km²	是否统计	遥感识别结果	实地判断结果
48	河段 48	0.923	0.205 6	否	轻度	一般
49	河段 49	0.426	0.071 7	否	重度	一般
50	河段 50	0.336	0.049 1	否	重度	一般
51	河段 51	0.942	0.056 9	否	重度	一般
52	河段 52	1.016	0.081 5	否	重度	一般
53	河段 53	3.348	0.084 4	否	重度	一般
54	河段 54	0.155	0.008 3	否	重度	一般
55	河段 55	4.679	0.502 3	否	重度	一般
56	河段 56	3.993	0.502 3	否	轻度	一般

6.3.5 典型黑臭水体工程监管

基于 GF-2、ZY-3 和北京 2 号等国产高空间分辨率卫星数据，以及 Google Earth 数据，针对重点督办黑臭河段，开展了整治工程的多时相监测。重点监管河段共 16 条，其中 5 条重度黑臭水体和 8 条轻度黑臭水体完成治理，1 条重度黑臭水体和 2 条轻度黑臭水体正在治理中，整治概况如表 6-7 所示。黑臭水体整治进展专题图（2017 年第一季度）如图 6-24 所示。

表 6-7 重点监管河段工程整治概况

黑臭水体名称	黑臭程度	治理状态
重点河段 1	轻度	完成治理
重点河段 2	重度	完成治理
重点河段 3	重度	完成治理
重点河段 4	轻度	完成治理
重点河段 5	重度	完成治理
重点河段 6	重度	完成治理
重点河段 7	轻度	完成治理
重点河段 8	轻度	完成治理
重点河段 9	轻度	完成治理
重点河段 10	轻度	完成治理
重点河段 11	重度	完成治理
重点河段 12	轻度	完成治理
重点河段 13	轻度	治理中
重点河段 14	重度	治理中

黑臭水体名称	黑臭程度	治理状态
重点河段 15	轻度	完成治理
重点河段 16	轻度	治理中

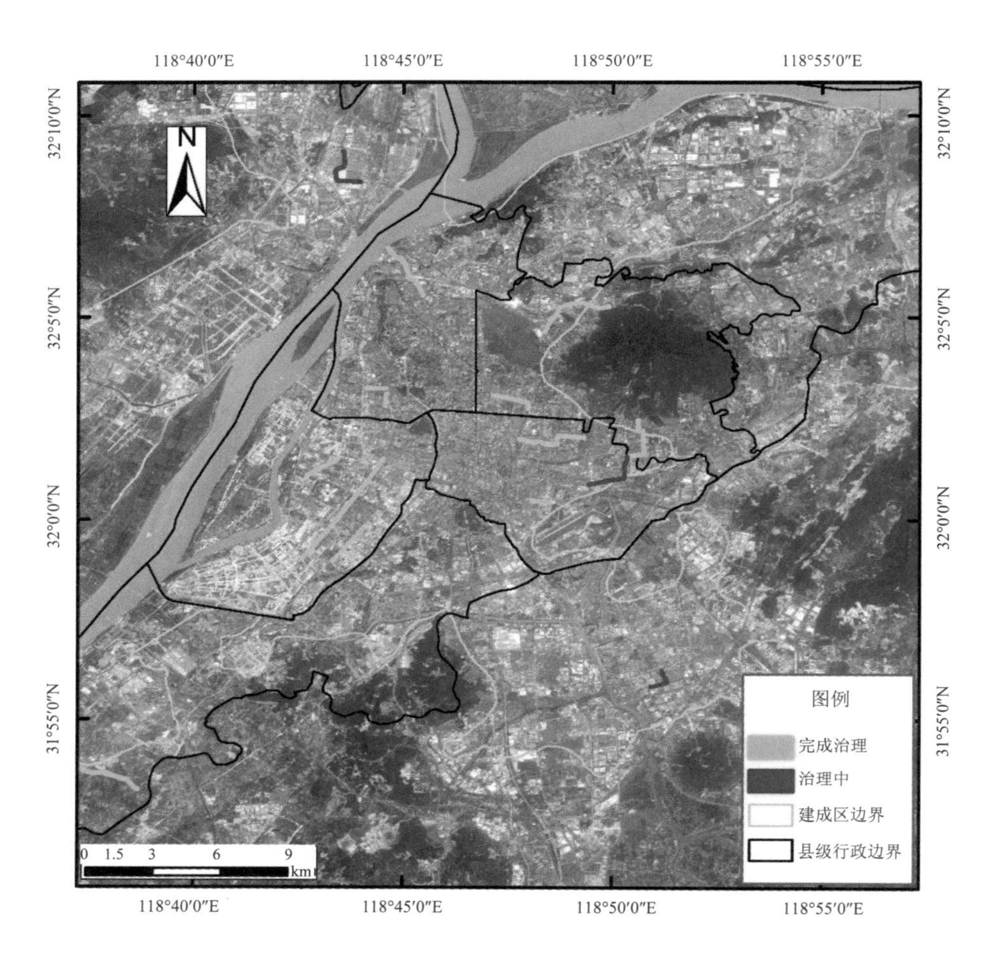

图 6-24 重点监管河段分布

政府相关部门针对各区重点监管黑臭水体，考察周边环境，根据不同水面状况因地制宜地采取工程整治措施，效果显著，水体黑臭程度明显降低。主要的工程治理措施包括新建水闸（坝）、河道疏浚、河流改道、增氧装置、河岸整治、湖床清淤、河床硬化、排污口整治等。通过对高分辨率影像及谷歌地图不同时间影像的目视解译，可以明显看出河道整治前后的差异，与此同时还可以较好地识别出河道采取的工程整治措施。由此进行归纳总结，典型黑臭河段工程治理遥感解译标志如表 6-8 所示。

表 6-8 黑臭水体工程治理遥感解译标志

工程治理措施	判读标志	原始河道状况	工程整治措施
新建水闸、坝	横跨河道，影像上呈现白色建筑		
河道疏浚	河段狭窄拥堵部分被疏通，水量增多		
河流改道	河流流向改变		
增氧装置	一般位于河道中间，连续多个形状规整		

工程治理措施	判读标志	原始河道状况	工程整治措施
河岸整治	河岸进行修整，岸线平齐，有整治措施		
湖床清淤	底泥铲挖清理，湖床暴露		
河床、河岸硬化	河床底部加固		
排污口整治	原排污口不再排放污水，水色有差异		

通过对不同时相遥感影像提取的黑臭水体分布对比分析可以看出，部分河流经过整治已不再是黑臭水体。为了更加深入地了解其治理过程，采取了将高分辨率影像目视解译及实地验证相结合的方法对具有明显好转的重点督办河段进行进一步的验证及调查。

（1）重点督办河段 1

根据 2015 年 7 月 29 日的高分辨率影像可以看出，河流水质相对较差，属于黑臭水体。从 2017 年 2 月 9 日的高分辨率影像可以看出，河道的两边布满了净水装置，水质也有明显的改善，可见该河段得到了很好的治理。对比情况见图 6-25。

（a）2015 年 7 月 29 日

（b）2017 年 2 月 9 日

图 6-25 重点督办河段 1

（2）重点督办河段 2

河流上游有工厂排污，水质相对较差，通过 2015 年 7 月 13 日及 2017 年 3 月 14 日影像得知，河道上修建了水闸以此隔断上游污水，水质可以看出有明显好转（图 6-26）。根据 2017 年遥感影像提取结果可知，黑臭程度降低。

（a）2015 年 7 月 13 日

（b）2017 年 3 月 14 日

图 6-26 重点督办河段 2

（3）重点督办河段 3

该河段周边分布着众多的住宅区，因此生活污水相对来说比较严重，属于重点督办的黑臭河流之一。通过 2016 年 5 月 17 日及 2017 年 3 月 14 日高分辨率影像对比可见，河道中心已安装了增氧装置，水质得到明显改善，不属于黑臭水体（图 6-27）。

（a）2016 年 5 月 17 日

（b）2017 年 3 月 14 日

图 6-27　重点督办河段 3

（4）重点督办河段 4

由于缺乏有效的影像数据，于 2017 年 7 月 20 日进行了实地调研，通过拍摄的现场照片可以看出，其河道中心遍布了增氧装置，水质得到明显改善、无异味，河流得到了较好的整治（图 6-28）。

图 6-28　重点督办河段 4（2017 年 7 月 20 日）

（5）重点督办河段 5

通过 2017 年 7 月 20 日实地调研，河道水质得到明显改善，已不属于黑臭水体（图 6-29）。

（a）2016 年 4 月 24 日

（b）2017 年 5 月 10 日

（c）2017 年 7 月 20 日

图 6-29 重点督办河段 5

（6）重点督办河段 6

通过 2017 年 7 月 20 日实地调研，河流底泥清淤，河道底部安装了增氧装置，水体相对清洁，无异物、无异味，水质得到了明显的改善（图 6-30）。

（a）2015 年 12 月 29 日

（b）2017 年 7 月 20 日

图 6-30 重点督办河段 6

6.3.6 黑臭水体多时相监管

将波段比值算法应用于 2016 年 11 月 3 日及 2017 年 10 月 9 日的 GF-2 遥感影像，得到黑臭水体分布情况，见图 6-31。黄色部分为识别出的轻度黑臭水体分布范围，红色部分为重度黑臭水体分布范围。根据 2016 年的识别结果（图 6-31a、b）和地面调查结果，共识别出 9 条黑臭河段，总长度 40.7 km，总面积 0.749 km^2。结合 2017 年 10 月的识别结果（图 6-31c）及地面调查对比，共识别出黑臭河段 6 条，总长度 10.35 km，总面积 0.063 8 km^2。

2017 年是建成区黑臭河段治理的关键一年，对比 2016 年的黑臭水体情况，明显看出建成区河道的黑臭现象得到缓解，重度黑臭河段的数量、长度和面积明显减小。2017 年 10 月，多数统计黑臭河段的黑臭现象基本消失。经过对高分辨率影像的目视解译和现场实地调查验证，部分河段采取了整治措施，这与相关部门的治理监管有着直接的关系。

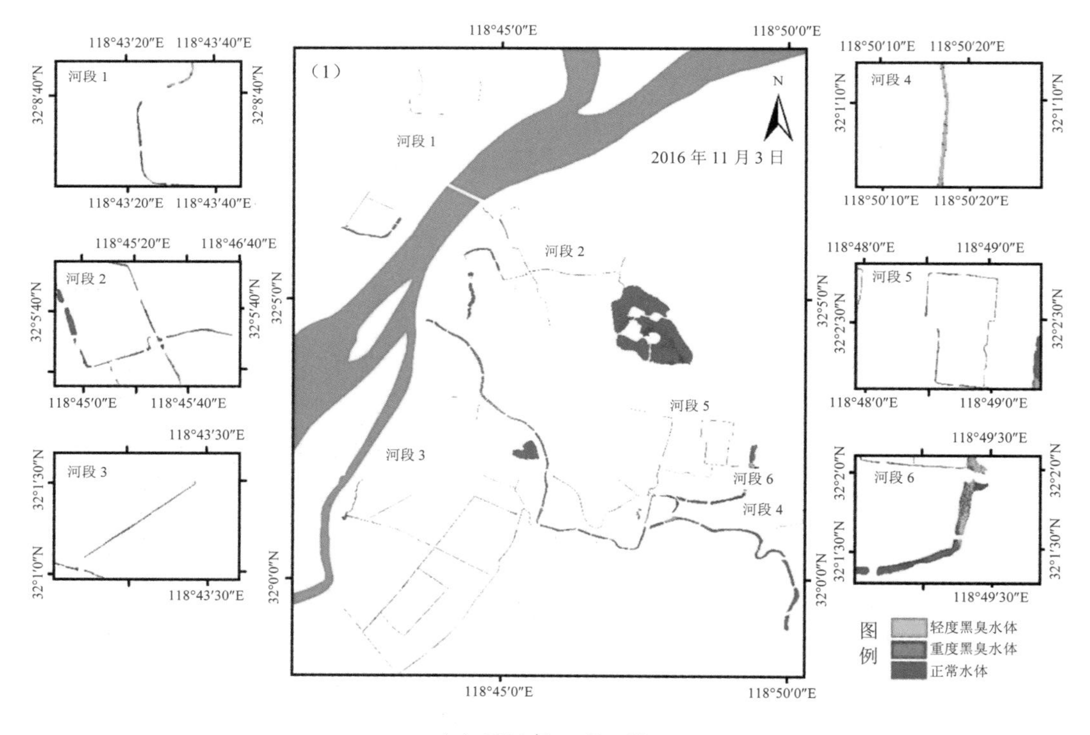

（a）2016 年 11 月 3 日

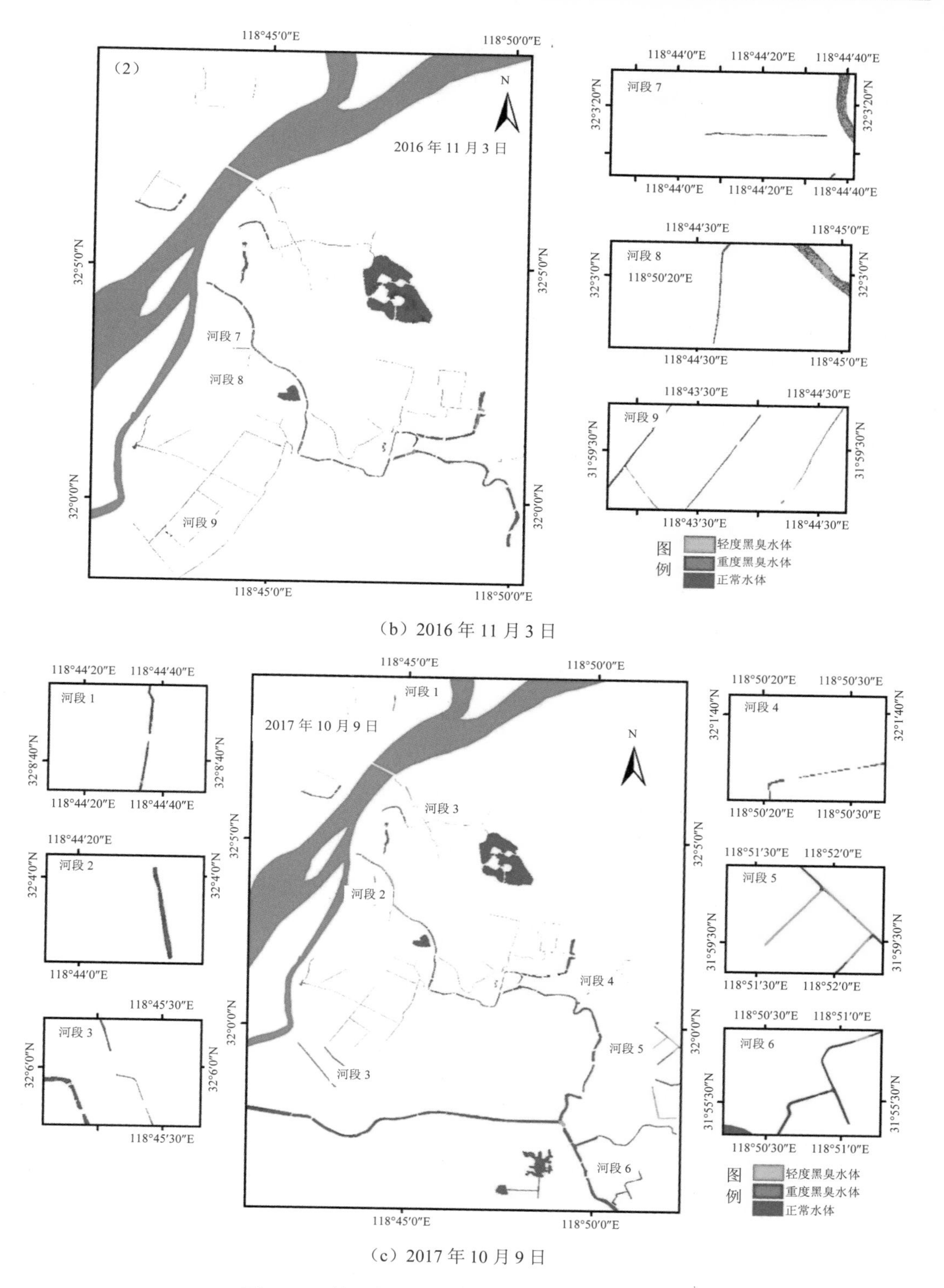

（b）2016年11月3日

（c）2017年10月9日

图6-31 长江中下游地区某市黑臭水体识别结果

6.4 华东某城市黑臭水体遥感监管应用示范

6.4.1 概述

华东地区指位于我国东部的地区，包括上海市、山东省、江苏省、安徽省、江西省、浙江省、福建省、台湾省 8 个省市。该地区的气候以淮河为分界线，淮河以北为温带季风气候，以南为亚热带季风气候，雨量集中于夏季，冬季北部常有大雪，通常集中在江苏省和安徽省的中北部地区以及山东省境内。

华东地区的水系分布主要源于长江、黄河、海河、湘江、珠江、钱塘江流域，主要有黄浦江及其支流吴淞江、大运河、淮沭河、串场河、灌河、盐河、新安江、赣江、抚河、信江、饶河、修水、苕溪、京杭运河、钱塘江、甬江、灵江、瓯江、飞云江和鳌江、闽江、九龙江、晋江、交溪、汀江等，主要湖泊有西湖、东钱湖、鄱阳湖、巢湖、太湖、洪泽湖、高邮湖、骆马湖、白马湖、石臼湖、微山湖、龙感湖、黄湖、泊湖、陈瑶湖、菜子湖、白荡湖、破罡湖、石塘湖、武昌湖、升金湖、南漪湖和石臼湖等。

华东地区水资源相对充足，但差异较大，如山东省的淡水资源严重缺乏，人均水资源占有量为 334 m^3，仅为全国人均占有量的 14.9%（小于 1/6），而江苏省的水资源十分丰富，水资源总量为 321.6 亿 m^3，多年平均过境水量为 9 492 亿 m^3，安徽全省的水资源总量达 680 亿 m^3，福建省更是水系密布、河流众多，河网密度达 0.1 km/km^2，水力资源蕴藏量居华东地区首位。

城市河流是城市景观、生态环境和海绵城市的重要组成部分，在城市不断发展的过程中已逐步成为城市形象的名片。然而，随着城市的扩展和工业经济的发展，许多重要的城市河流受到了人类越来越多的干扰，如生活废水、工业污水肆意排放至河流中、生活与建筑垃圾随意倾倒至河道及其两岸等，致使河流水质逐步恶化形成黑臭水体。

华东地区经济相对较为发达，人口密度大，工农业废水、生活污水排放居多，水系分布广泛，年降水量居中，黑臭水体表现特征与其他地区有所不同。针对华东地区黑臭水体特征，构建了遥感识别模型进行监测监管。以华东地区某市为例，虽然该市水资源较多，但水资源污染状况相当严重，多数河流已受污染成为黑臭水体。2016 年，该市共统计黑臭水体 31 条，其中轻度黑臭水体 6 条，重度黑臭水体 25 条。从水环境治理的形势看，完成消除黑臭水体的目标、实现城乡水环境的明显好转的任务依然十分艰巨。通过第一个三年治污方案，该市污水处理设施建设取得了重大进展，截至2017年第二季度，31条统计黑臭水体中有14条完成治理、15条正在治理中、2条处于方案制订阶段。

6.4.2 基于遥感的城市建成区边界提取

建成区的提取同样采用不透水面聚类分析的方法。通过提取得到2015年该市建成区范围为468.284 km^2，以城区为中心逐渐向外扩散，整个建成区呈葫芦状。在以上建成区提取的基础上，为更好地展示效果图，将用来提取建成区边界的Landsat8影像做底图放大显示，效果如图6-32所示。该建成区范围仅用于界定城市黑臭水体整治与监督的城市范围，与规划部门统计获取的主城区建成区范围有所不同。

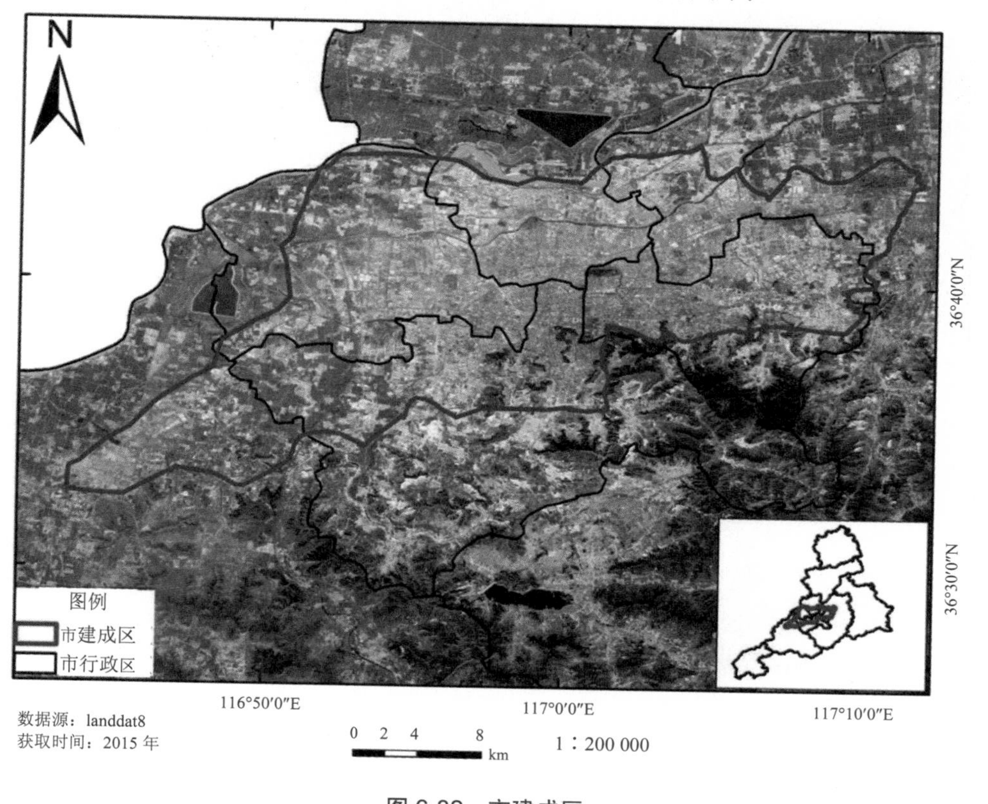

图6-32 市建成区

6.4.3 基于遥感的城市水域边界提取

水域边界提取技术同样采用BRAT提取方法，主要数据源为融合后的ZY-3卫星影像，分辨率达到了2.1 m，根据该影像提取市行政区水域分布状况及建成区范围内的水域分布状况，包括河流水域和湖泊坑塘水域（图 6-33）。基于该方法共提取该市水域长度为 342.091 km，水域面积达 9.528 km^2。

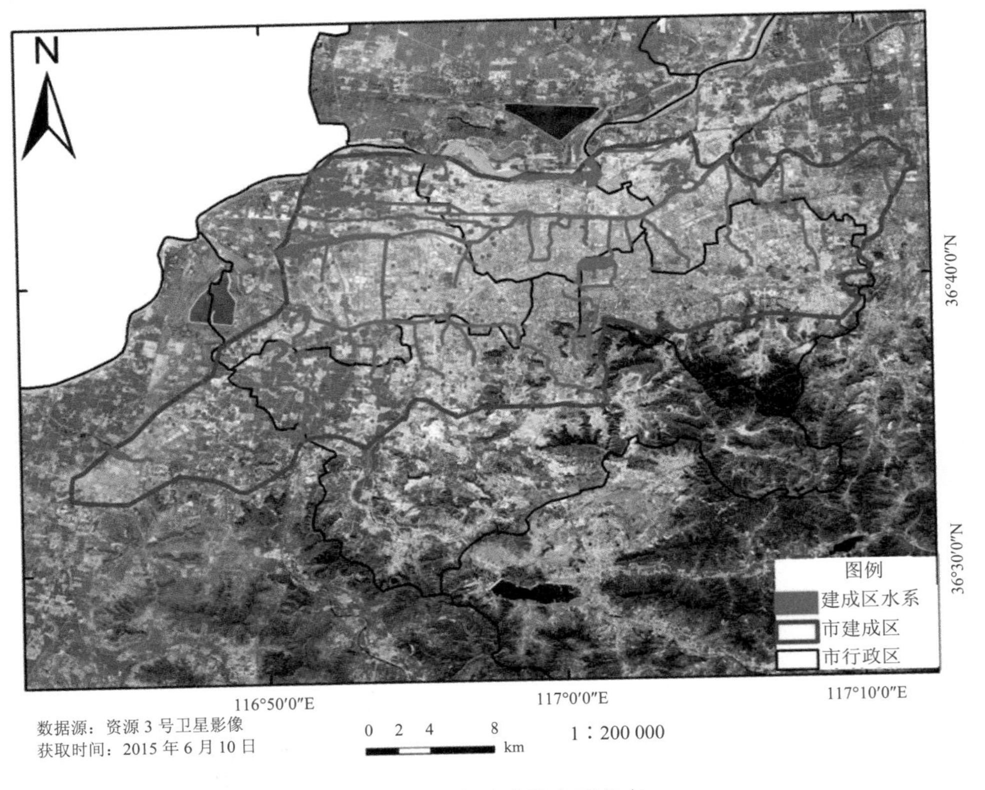

图 6-33　市建成区水系分布

6.4.4　黑臭水体遥感筛查与地面验证

6.4.4.1　黑臭水体遥感识别

通过 2016 年高分辨率遥感影像，利用已建立的遥感识别与筛查规则，如河道断流特征、河面浮萍特征、水生植被特征、滩涂特征、河道硬化特征、水面光谱特征等，从华东地区某市识别出 43 条疑似黑臭河段，其中有 12 条在该市统计黑臭水体名单之外，具体分布见图 6-34。

6.4.4.2　地面测量与采样验证

为了验证遥感识别和筛查的精度，于 2016 年 6 月 16—19 日开展了黑臭水体地面验证试验。根据遥感疑似黑臭水体分布和已统计黑臭水体名单分布共设定并到达了 44 个地面验证点作为地面调查范围（图 6-35）。

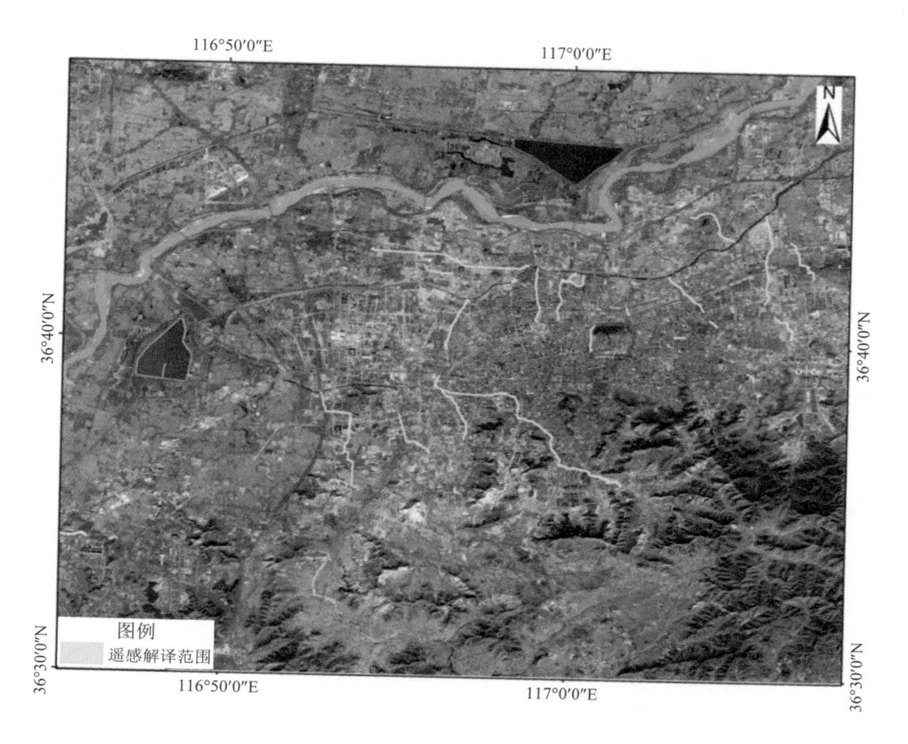

图 6-34 基于遥感识别的疑似黑臭水体分布

图 6-35 2016 年 6 月黑臭水体地面验证试验点分布

根据黑臭水体遥感识别与验证技术规范开展地面验证试验，记录了试验位置点经纬度、河段名称、水面状况、岸边状况、污染排放类型、周边典型地物特征等要素，如果现场判断为疑似黑臭河段，还需进行水体采样和水质原位测量，主要测量 pH 值、氧化还原电位、溶解氧、透明度、水温、氨氮等指标，用于进一步验证疑似黑臭河段的正确性，判别统计黑臭水体名单和遥感黑臭水体提取的准确性。

6.4.4.3 验证结果

经过实地验证，按照《城市黑臭水体整治工作指南》的黑臭水体现场判别标准，对疑似河段典型断面进行了现场实地验证，去除明显是一般富营养化水体的河段，经现场和指标综合分析，获得 3 条疑似黑臭水体，其中重度黑臭水体 3 条，分布在建成区各个区域。具体疑似黑臭水体分布见图 6-36，详情名单见表 6-9。

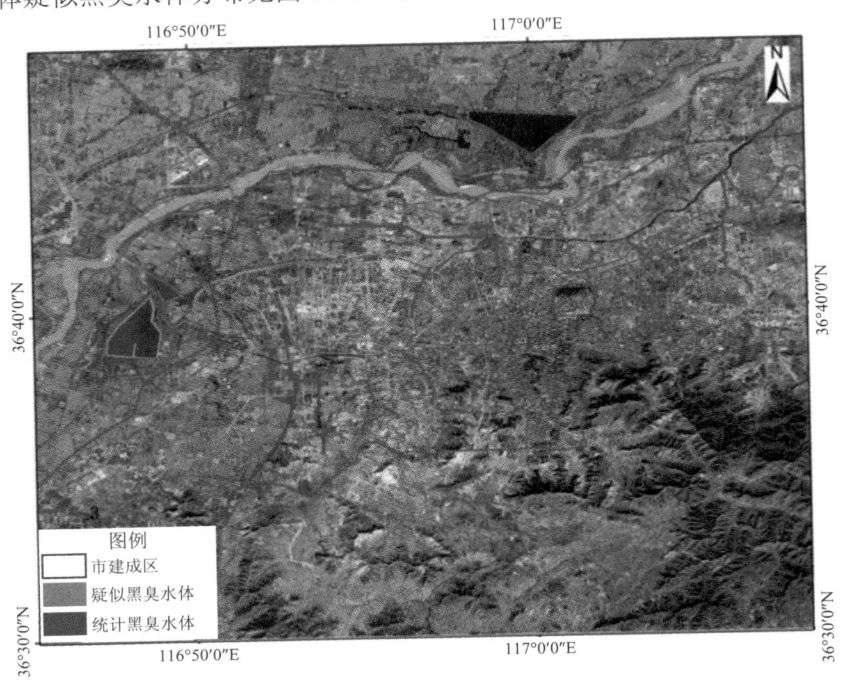

图 6-36 地方统计与遥感识别实地验证河段分布

表 6-9 疑似黑臭水体名单

河流编号	河流名称	黑臭级别
1	河段 1	重度黑臭
2	河段 2	重度黑臭
3	河段 3	重度黑臭

6.4.5 典型黑臭水体工程监管

华东地区某市重点监督黑臭河段典型工程监管措施可分为5类：

①新建挡水建筑物（主要包括闸、坝）；

②河床、河岸硬化；

③河道疏浚；

④河流改道；

⑤水体沿岸工厂污水排放拦截。

（1）典型河段1：新建挡水建筑物、河道疏浚（图6-37）。

（a）2016年3月31日

（b）2017年1月30日

图6-37 典型河段1

（2）典型河段2：新建挡水建筑物（图6-38）。

（a）2016年3月31日

（b）2016年12月1日

（c）2017年2月24日

图6-38 典型河段2

（3）典型河段 3：河道疏浚（图 6-39）。

（a）2016 年 12 月 1 日

（b）2017 年 3 月 3 日

（c）2017 年 4 月 28 日

图 6-39 典型河段 3

（4）典型河段 4：河道硬化（图 6-40）。

（a）2015 年 4 月 30 日

（b）2017 年 3 月 3 日

（c）2017 年 4 月 26 日

图 6-40 典型河段 4

（5）典型河段 5：河流改道（图 6-41）。

（a）2016 年 12 月 31 日

（b）2017 年 4 月 28 日

（c）2017 年 5 月 16 日

图 6-41 典型河段 5

（6）典型河段 6：新建挡水建筑物（图 6-42）。

（a）2015 年 4 月 30 日

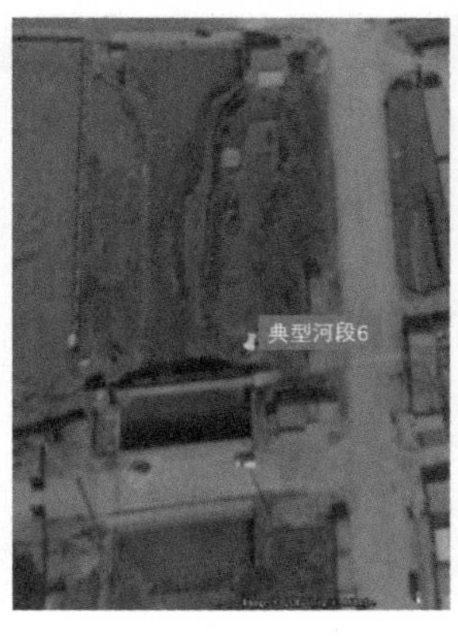

（b）2016 年 9 月 23 日

（c）2017 年 3 月 3 日

图 6-42 典型河段 6

6.4.6 黑臭水体多时相监管

利用构建的黑臭水体遥感识别模型——WCI 指数进行黑臭水体多时相监管，WCI 指数计算公式如下：

$$\mathrm{WCI}=\frac{|(b_2-b_1)/\Delta\lambda_{12}|}{|(b_3-b_2)/\Delta\lambda_{23}|} \tag{6-1}$$

式中，$\Delta\lambda_{12}=\lambda_2-\lambda_1$，$\Delta\lambda_{23}=\lambda_3-\lambda_2$；

b_1、b_2、b_3——GF-1、GF-2 影像预处理后的第一、第二、第三波段的反射率值；

λ_1、λ_2、λ_3——第一、第二、第三波段的波长。

当 $0 \leqslant \mathrm{WCI} \leqslant 1$ 时，可判别水体为黑臭水体；当 $\mathrm{WCI} \geqslant 1$ 时，可判别水体为一般水体。

（1）第一季度黑臭水体遥感监督结果

华东某市第一季度黑臭水体遥感监督结果如表 6-10 所示，黑臭水体整治进展专题（2017 年第一季度）如图 6-43 所示。其中，31 条黑臭水体中有 10 条重度黑臭水体和 3 条轻度黑臭水体共计 13 条完成治理，有 7 条重度黑臭水体和 3 条轻度黑臭水体共计 10 条正在治理中，有 8 条重度黑臭水体处于方案制订阶段。

表 6-10 第一季度黑臭水体遥感监督结果

黑臭水体编号	黑臭水体名称	黑臭程度	WCI	治理状态
1	河段 1	轻度	0.654 963	治理中
2	河段 2	重度	0.656 472	方案制订
3	河段 3	重度	0.754 903	方案制订
4	河段 4	轻度	1.195 015	治理中
5	河段 5	重度	0.257 658	治理中
6	河段 6	重度	0.783 75	治理中
7	河段 7	轻度	1.270 641	完成治理
8	河段 8	重度	0.820 979	治理中
9	河段 9	重度	1.133 271	完成治理
10	河段 10	重度	1.468 712	治理中
11	河段 11	重度	0.635 32	完成治理
12	河段 12	重度	0.308 203	治理中
13	河段 13	重度	1.178 269	完成治理
14	河段 14	重度	0.849 099	完成治理
15	河段 15	重度	0.196 757	方案制订
16	河段 16	重度	1.406 25	治理中
17	河段 17	重度	1.070 712	完成治理
18	河段 18	重度	1.260 87	治理中
19	河段 19	轻度	1.189 189	完成治理
20	河段 20	重度	0.459 47	方案制订
21	河段 21	轻度	0.639 535	完成治理
22	河段 22	重度	0.650 262	完成治理
23	河段 23	重度	0.410 568	方案制订
24	河段 24	重度	0.482 064	方案制订
25	河段 25	重度	1.153 317	完成治理
26	河段 26	重度	0.791 935	完成治理
27	河段 27	重度	1.379 839	完成治理
28	河段 28	重度	0.895 476	方案制订
29	河段 29	重度	0.267 674	方案制订
30	河段 30	重度	1.630 998	完成治理
31	河段 31	轻度	0.449 324	治理中

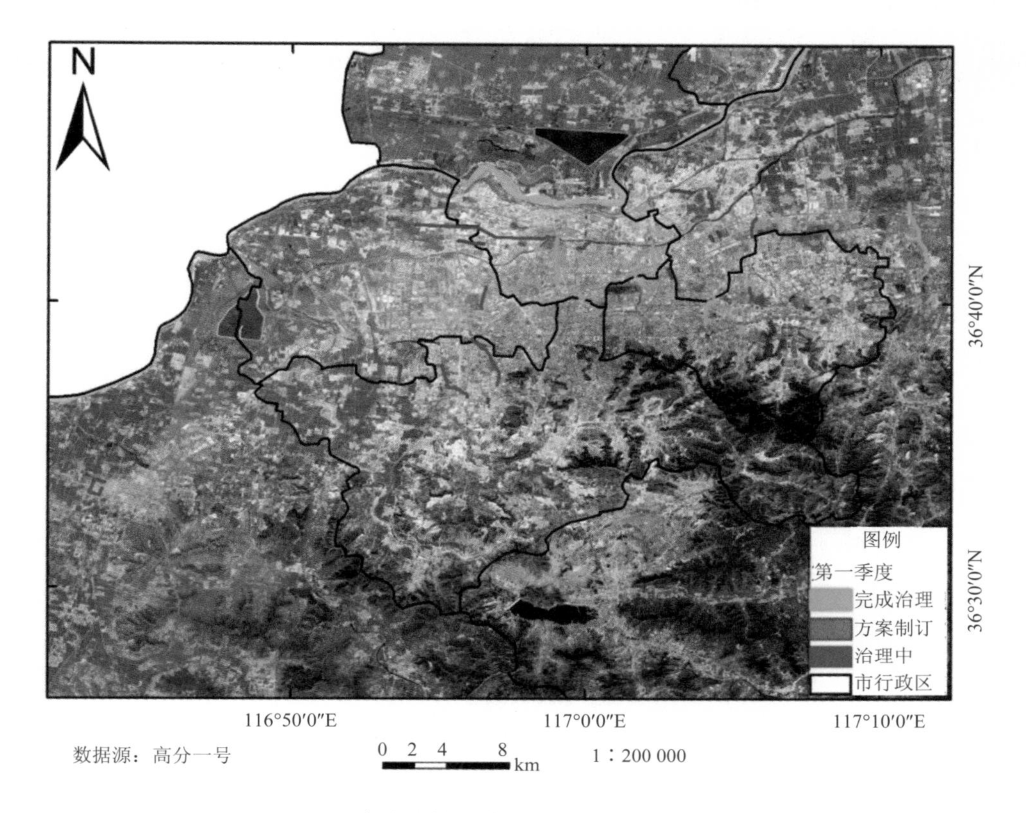

图 6-43 黑臭水体整治进展专题（2017 年第一季度）

（2）第二季度黑臭水体遥感监督结果

第二季度黑臭水体遥感监督结果如表 6-11 所示，黑臭水体整治进展专题（2017 年第二季度）如图 6-44 所示。其中，31 条黑臭水体中有 11 条重度黑臭水体和 3 条轻度黑臭水体共计 14 条完成治理，有 12 条重度黑臭水体和 3 条轻度黑臭水体共计 15 条正在治理中，2 条黑臭水体处于方案制订阶段。

表 6-11 第二季度黑臭水体遥感监督结果

黑臭水体编号	黑臭水体名称	黑臭程度	WCI	治理状态
1	河段 1	轻度	0.384 191	治理中
2	河段 2	重度	0.177 802	治理中
3	河段 3	重度	1.084 135	治理中
4	河段 4	轻度	0.316 612	治理中

黑臭水体编号	黑臭水体名称	黑臭程度	WCI	治理状态
5	河段 5	重度	0.049 819	治理中
6	河段 6	重度	1.314 338	治理中
7	河段 7	轻度	1.473 214	完成治理
8	河段 8	重度	0.633 152	治理中
9	河段 9	重度	1.215 701	完成治理
10	河段 10	重度	0.557 432	治理中
11	河段 11	重度	0.894 78	完成治理
12	河段 12	重度	1.292 881	完成治理
13	河段 13	重度	1.748 348	完成治理
14	河段 14	重度	1.393 581	完成治理
15	河段 15	重度	1.599 085	治理中
16	河段 16	重度	0.755 207	治理中
17	河段 17	重度	0.505 515	完成治理
18	河段 18	重度	0.101 852	治理中
19	河段 19	轻度	1.079 942	完成治理
20	河段 20	重度	0.343 75	方案制订
21	河段 21	轻度	1.028 312	完成治理
22	河段 22	重度	1.583 333	完成治理
23	河段 23	重度	0.964 285	治理中
24	河段 24	重度	1.180 707	治理中
25	河段 25	重度	1.283 83	完成治理
26	河段 26	重度	1.494 96	完成治理
27	河段 27	重度	1.635 41	完成治理
28	河段 28	重度	1.020 818	治理中
29	河段 29	重度	0.212 191	方案制订
30	河段 30	重度	0.640 528	完成治理
31	河段 31	轻度	0.132 212	治理中

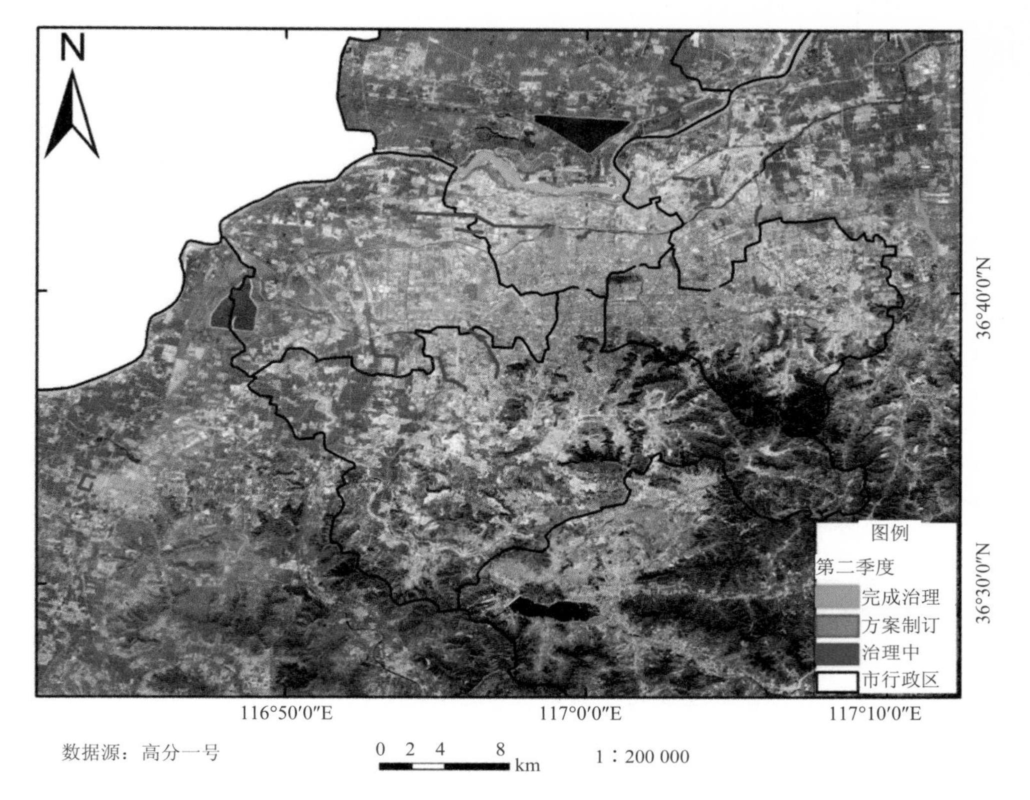

图 6-44 黑臭水体整治进展专题（2017 年第二季度）

6.5 西北某城市黑臭水体遥感监管应用示范

6.5.1 概述

西北地区在自然区划上指的是大兴安岭以西，昆仑山—阿尔金山、祁连山以北的广大地区。地形以高原、盆地和山地为主，荒漠广布，人口密度小。西北地区的气候除东南部为温带季风气候外，其他区域均为温带大陆性气候，冬季严寒而干燥，夏季高温，降水稀少，自东向西呈递减趋势。

西北地区的河流多为内流河，发源于山地、高原，河流短促、支流少，流域面积小。湖泊较少，主要有青海的青海湖、扎陵湖、鄂陵湖、托素湖、察尔汗盐湖等，新疆的博斯腾湖、罗布泊（已干涸）、阿克赛钦湖、赛里木湖、艾比湖、乌伦古湖、艾丁湖（我国陆地最低点），甘肃的刘家峡水库等。

西北地区的水系具有以下特点：①河流的径流量小、季节变化大、年际变化小、汛期短、易断流，主要以冰雪融水、山地降水和地下水补给为主；②河流含沙量相对较大，并且依流域范围内植被、降水及人类活动程度不同而异；③由于西北地区纬度高、大陆性强、冬季寒冷期长，故河流有结冰期且持续时间较长；④部分河流有凌汛现象（若水）。

河流流量小、水循环不足、自净度差是引起水体发生黑臭的重要因素。过度用水会引起上游来水量不断减少，再加上废弃物不断丢入河道，使河道逐渐淤浅堵塞、水体流动不畅，从而降低了水体污染物的携冲能力和自净能力，为黑臭水体的形成提供了一定的条件。

西北地区的气候、海拔、地形与其他地区有所不同，经济发达程度、工农业排放废水有所差异，这些造成了该地区黑臭水体的表现特征不同。针对西北地区，建立了黑臭水体遥感识别模型进行监测监管。以某市为例，2016 年起该市大力开展黑臭水体整治计划，实施源头治理和根本治理，因地制宜、分类制订整治计划，全面推行“河长制”，重点管控水环境执法，集中整治消除畜禽养殖等污染。基于一系列治理措施，该市黑臭水体整治工作基本实现了“初见成效”的目标，全市地表水环境控制断面水环境质量逐步趋于好转，全市范围内 9 个国家和省考核断面 2017 年均达到省政府下达的年度考核目标。

截至 2016 年年底，该市统计了 17 条拟治理黑臭河段，总长度 63.318 3 km，水域面积 3.065 9 km^2。截至 2017 年第二季度，在统计的 17 条黑臭水体中有 7 条黑臭水体完成治理，有 10 条黑臭水体正在治理中，黑臭水体治理成效显著。

6.5.2 基于遥感的城市建成区边界提取

建成区的提取主要是依据不透水面聚类分析的方法，主要有两部分内容：①基于 BCI 指数提取城市不透水面；②根据 CCA 聚类提取城市建成区。通过提取得到 2015 年某市建成区范围为 607.122 0 km^2，以城区为中心逐渐向外扩散，整个建成区呈葫芦状。

在以上建成区提取的基础上，为更好地展示效果图，将用来提取建成区边界的 Landsat8 影像做底图放大显示，效果如图 6-45 所示，该建成区范围仅用于界定城市黑臭水体整治与监督的城市范围，与规划部门统计获取的主城区建成区范围有所不同。

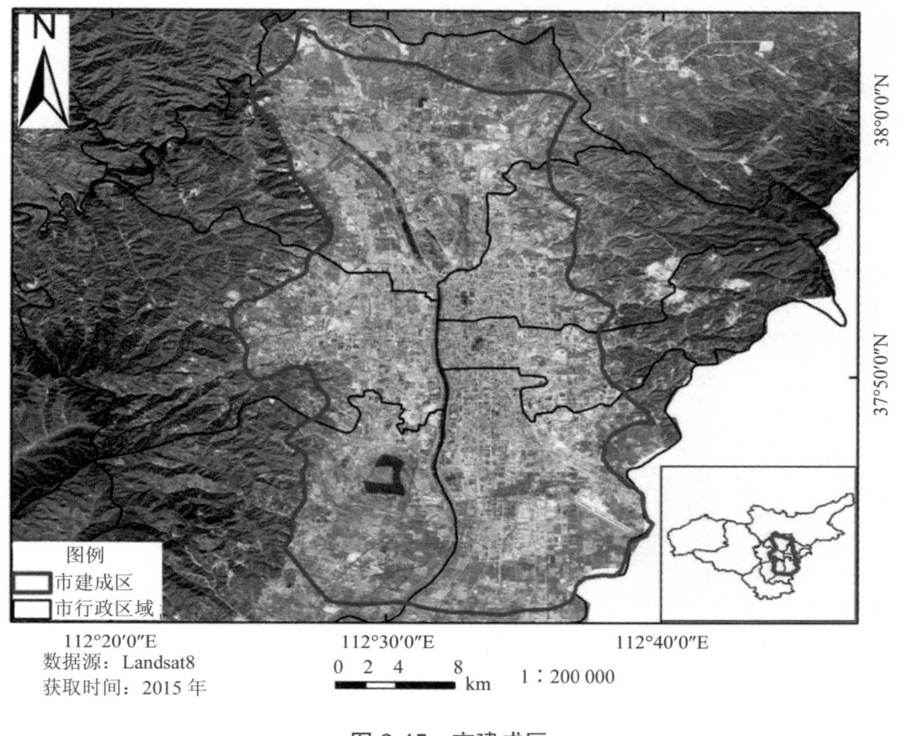

图 6-45　市建成区

6.5.3　基于遥感的城市水域边界提取

水域边界提取技术同样采用 BRAT 提取方法。水域提取技术流程如下：利用遥感影像进行建成区内水域遥感提取，主要包括影像预处理、样本选取与角-距相似度分析、BRAT 模型决策条件分析、水体种子识别与扩散、水域空间分布特征统计等几个部分。基于该方法共提取该市水域长度为 236.583 km，水域面积达 13.268 km^2，结果如图 6-46 所示。

6.5.4　黑臭水体遥感筛查与地面验证

6.5.4.1　黑臭水体遥感识别

通过 2016 年高分辨率遥感影像，利用建立的遥感识别与筛查规则，如河道断流特征、河面浮萍特征、水生植被特征、滩涂特征、河道硬化特征、水面光谱特征等，从西北地区某市建成区识别出 31 条疑似黑臭河段，其中有 14 条在统计黑臭水体名单之外，具体分布见图 6-47。

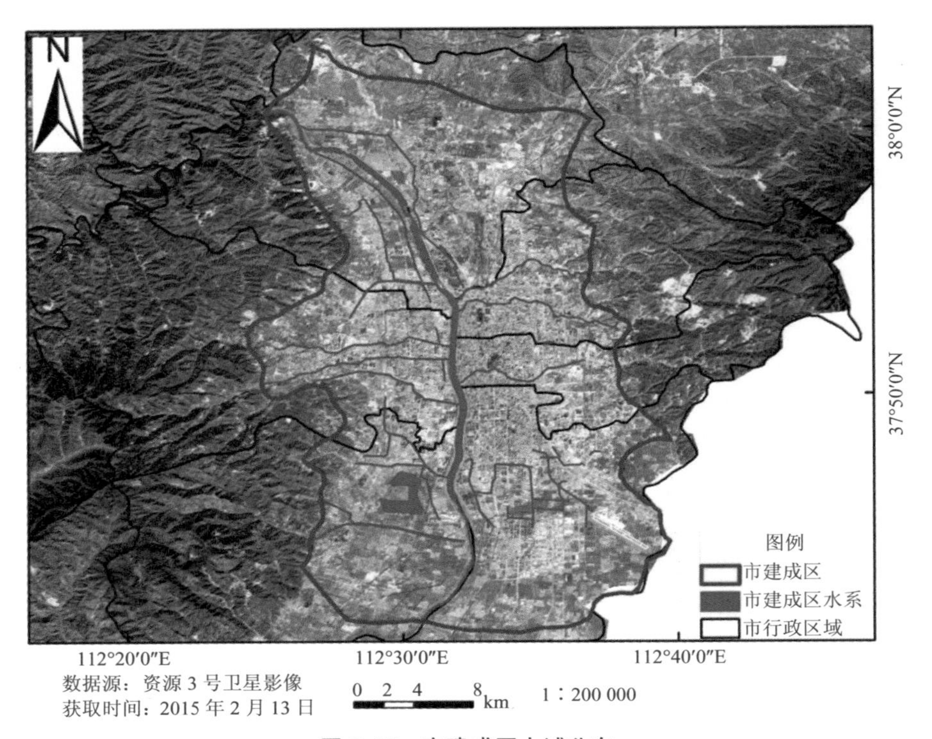

图 6-46 市建成区水域分布

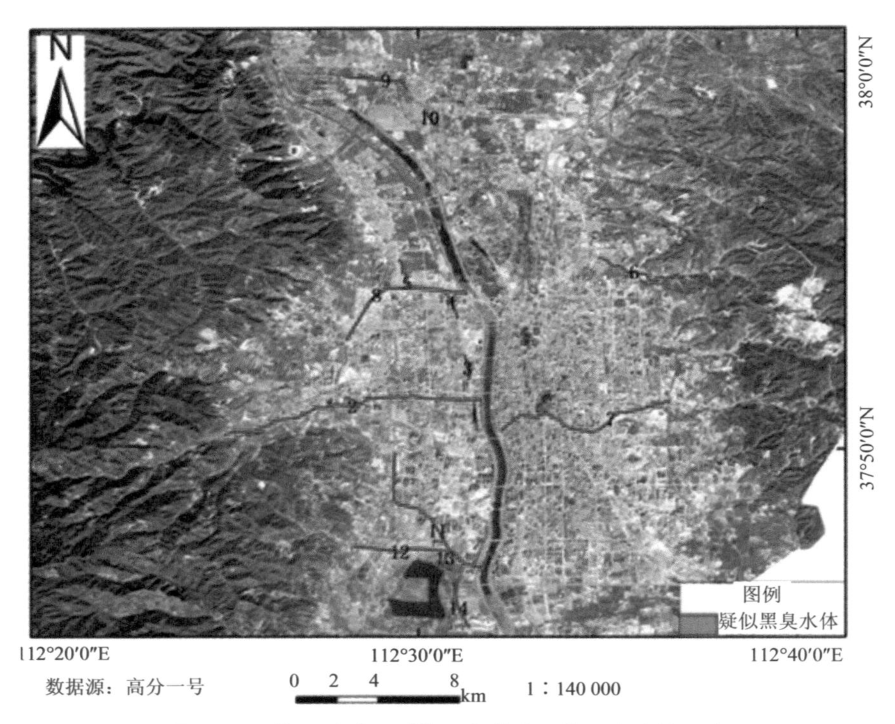

图 6-47 基于遥感识别的西北某市疑似黑臭水体分布

6.5.4.2 地面测量与采样验证

为了验证遥感识别和筛查的精度，2016 年 6 月 13—16 日开展了黑臭水体地面验证试验。根据遥感疑似黑臭水体分布和已统计黑臭水体名单分布共设定了 46 个地面验证点作为地面调查范围，由于道路限制等原因，实地共到达 39 个试验点位（图 6-48）。

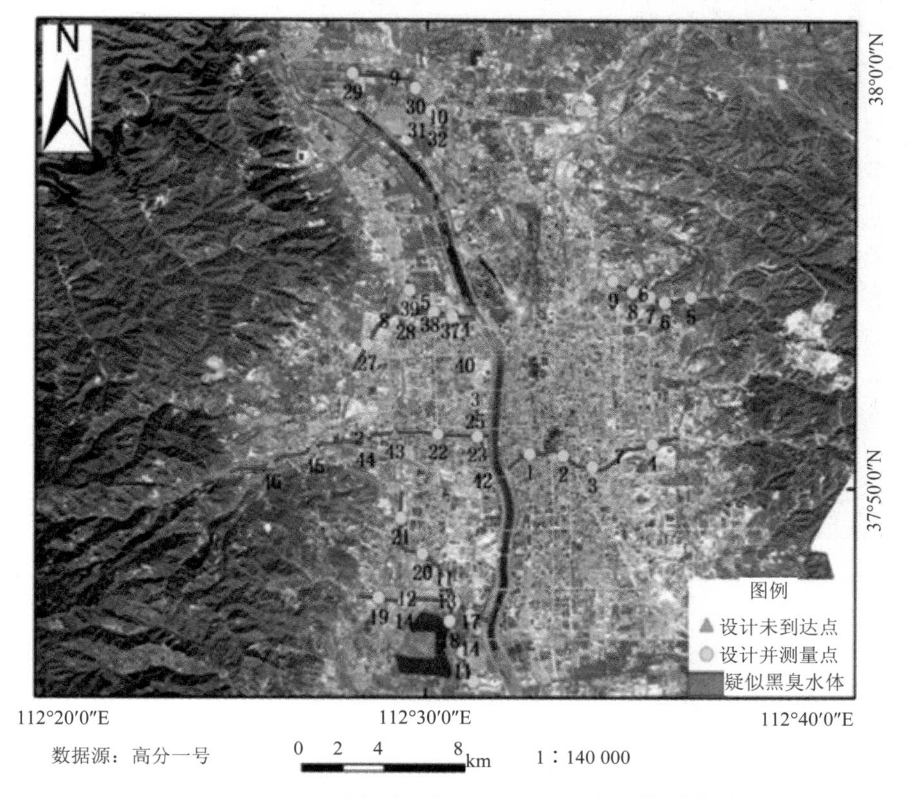

图 6-48 2016 年 6 月西北某市黑臭水体地面验证试验点分布

根据黑臭水体遥感识别与验证技术规范开展地面验证试验，记录了试验位置的经纬度、河段名称、水面状况、岸边状况、污染排放类型、周边典型地物特征等要素，如果现场判断为疑似黑臭河段，还需进行水体采样和水质原位测量，主要测量 pH 值、氧化还原电位、溶解氧、透明度、水温、氨氮等指标，用于进一步验证疑似黑臭河段的正确性，判别统计黑臭水体名单和遥感黑臭水体提取的准确性。

6.5.4.3 验证结果

经过实地验证，按照《城市黑臭水体整治工作指南》的黑臭水体现场判别标准，对 14 条疑似黑臭河段典型断面进行了现场实地验证，去除明显是一般富营养化水体的河段，经现场和指标综合分析，获得 10 条疑似黑臭水体，其中轻度黑臭河段 2 条，重度黑臭河段5条，轻度、重度混合黑臭河段3条，分布在建成区各个区域。具体黑臭水体分布见图6-49，疑似黑臭水体名单见表6-12。

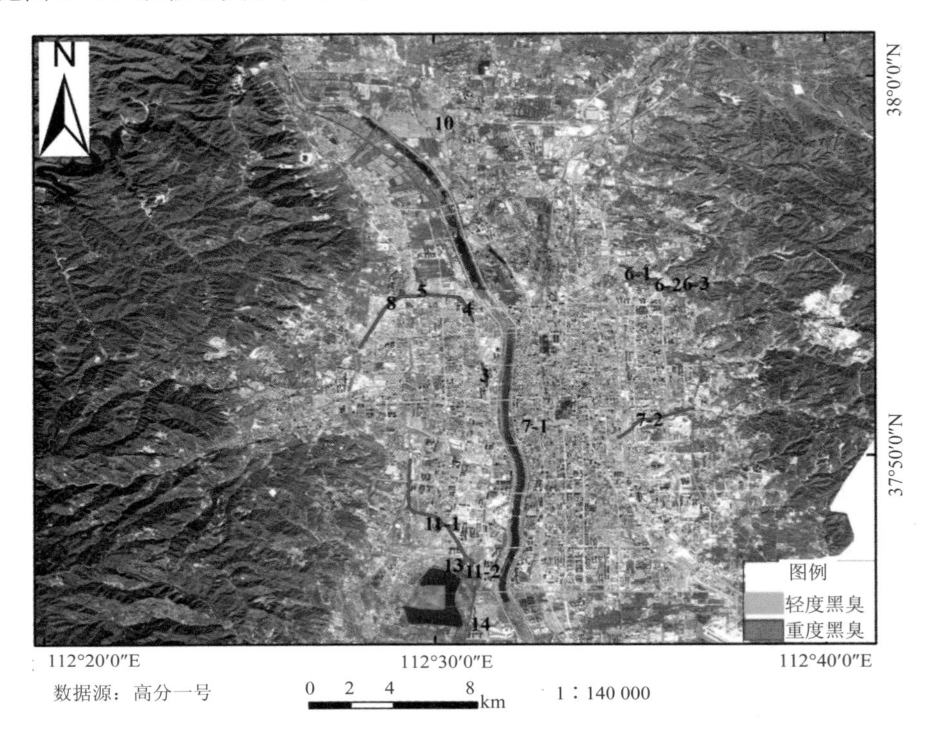

图6-49 遥感识别黑臭河段实地验证结果

表6-12 疑似黑臭水体名单

河流编号		黑臭程度	河流名称	长度/km	面积/km^2
3		重度黑臭	河段1	1.093 1	0.010 8
4		重度黑臭	河段2	1.130 9	0.014 9
5		重度黑臭	河段3	2.837 7	0.025 5
6	6-1	重度黑臭	河段4	1.612 7	0.017 9
	6-2	轻度黑臭	河段5	0.371 2	0.005 3
	6-3	重度黑臭	河段6	0.847 5	0.008 9
7	7-1	轻度黑臭	河段7	2.193 7	0.036 7
	7-2	重度黑臭	河段8	3.289 3	0.041 8
8		重度黑臭	河段9	3.921 1	0.103 0
10		轻度黑臭	河段10	0.915 3	0.008 2
11	11-1	重度黑臭	河段11	6.370 7	0.141 1
	11-2	轻度黑臭	河段12	1.071 6	0.054 6

河流编号	黑臭程度	河流名称	长度/km	面积/km^2
13	重度黑臭	河段 13	1.281 7	0.016 2
14	轻度黑臭	河段 14	1.005 9	0.012 2

6.5.5 典型黑臭水体工程监管

西北地区某市重点监督黑臭河段典型工程监管措施可分为 5 类：

①新建挡水建筑物（主要包括闸、坝）；

②河床、河岸硬化；

③河道疏浚；

④河流改道；

⑤水体沿岸工厂污水排放拦截。

（1）典型河段 1：新建挡水建筑物（主要包括闸、坝）、水体沿岸工厂污水排放拦截（图 6-50）。

（a）2015 年 9 月 24 日　（b）2016 年 9 月 15 日　（c）2017 年 2 月 8 日

图 6-50　典型河段 1

（2）典型河段 2：河床、河岸硬化，河流改道（图 6-51）。

（a）2015 年 8 月 13 日　（b）2016 年 6 月 22 日　（c）2017 年 1 月 2 日

图 6-51　典型河段 2

（3）典型河段3：河床、河岸硬化，河流改道（图6-52）。

（a）2015年9月24日　　（b）2016年9月15日

图6-52　典型河段3

（4）典型河段4：河道疏浚、水体沿岸工厂污水排放拦截（图6-53）。

（a）2016年5月13日　　（b）2016年9月15日

图6-53　典型河段4

（5）典型河段5：河床、河岸硬化，河道疏浚（图6-54）。

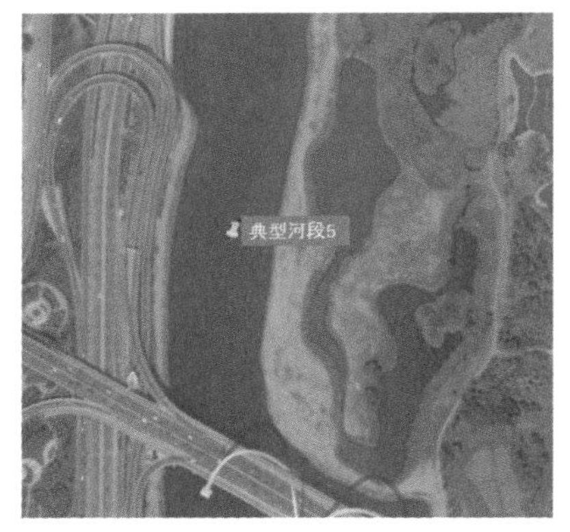

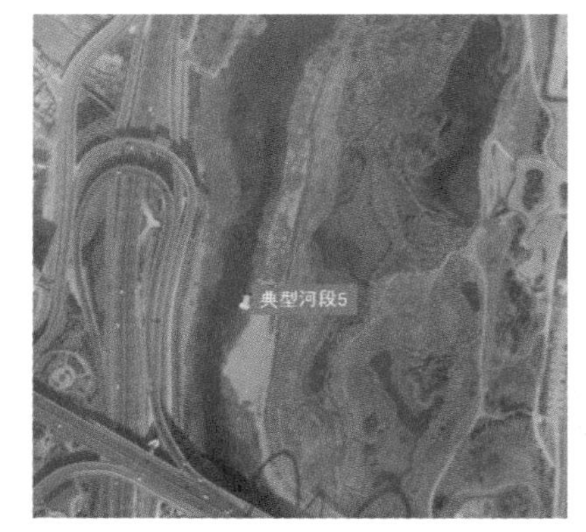

（a）2016年5月13日　　（b）2017年2月8日

图6-54　典型河段5

6.6 东南某城市黑臭水体遥感监管应用示范

6.6.1 概述

东南地区指位于我国东南部的大部分区域，包括广东省、海南省、福建省、浙江省、江西省、江苏省、台湾省、上海市、香港特别行政区、澳门特别行政区，地形以山地丘陵为主，总称东南丘陵，其中以南岭为界，以北是江南丘陵，以南是两广丘陵，东部以武夷山为界，是浙闽丘陵，也包括东海与南海，属温暖湿润的亚热带海洋性季风气候和热带季风气候，气候温和，多数地区为长夏无冬，年平均气温 17～21℃，平均降雨量为 1 400～2 000 mm。

东南地区经济发达、人口稠密，工农业废水、生活污水排放量居多，气候条件与北方有所不同，年降水量相对较多，河流、湖泊水域自净化能力相对较强，黑臭水体表现特征有所不同。针对东南地区黑臭水体特点，构建了遥感识别模型进行监测监管。

以东南某市为例，该市总面积为 6 634 km^2，其中市辖区面积为 2 310 km^2，陆地面积为 4 856.2 km^2，占 73.7%，水域面积为 1 735.0 km^2，占 26.3%。

根据全国城市黑臭水体清单（截至 2016 年 2 月 18 日）和东南某市统计的黑臭水体名单，基于黑臭水体名单提供的起始点经纬度、典型地物名称等信息，结合由高分辨率、资源系列卫星影像提取的该市水域分布结果，最终核定了该市统计黑臭水体共 7 条，全部为轻度黑臭水体。该市黑臭水体名单见表 6-13，黑臭水体分布见图 6-55。

表 6-13 东南某市黑臭水体分布

城市名称	河流名称	黑臭水体
东南某市	水体 1	轻度黑臭河段
东南某市	水体 2	轻度黑臭河段
东南某市	水体 3	轻度黑臭河段
东南某市	水体 4	轻度黑臭河段
东南某市	水体 5	轻度黑臭河段
东南某市	水体 6	轻度黑臭河段
东南某市	水体 7	轻度黑臭河段

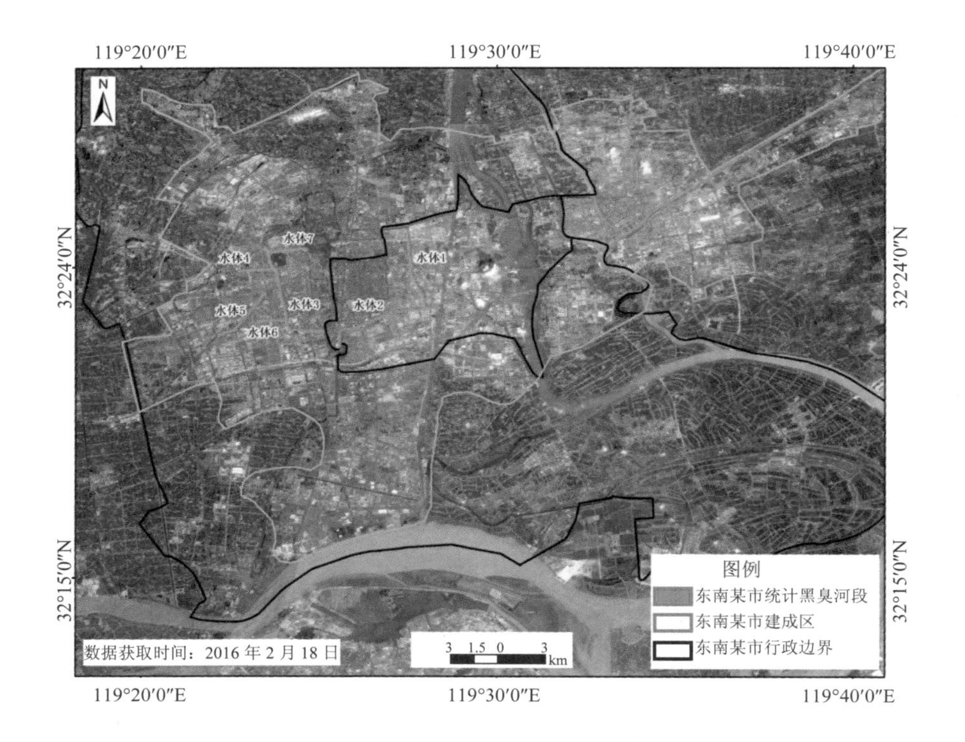

图 6-55 东南某市统计黑臭水体空间分布

6.6.2 基于遥感的城市建成区边界提取

东南某市东西最大距离为 85 km，南北最大距离为 125 km，总面积为 6 643 km^2。对其 2016 年 Landsat8 卫星影像进行噪声去除、TC 变换或主成分分析等（TC 变换将多维波段空间转换成表示亮度、绿度和湿度的 3 个主要成分；BCI 指数可以更好地区分光照土壤与高反照率不透水面，需要通过对不透水面聚集密度进行进一步计算），通过城市聚类算法（CCA）提取城市建成区范围，最终提取出该市建成区面积为 404.66 km^2，建成区分布见图 6-56。

6.6.3 基于遥感的城市水域边界提取

东南某市陆地面积 4 856.2 km^2，占 73.7%；水域面积 1 735.0 km^2，占 26.3%。境内有一级河 2 条、二级河 7 条、三级河 2 条、四级河 4 条，总长 593.6 km，多年平均径流总量为 16.9 亿 m^3。根据该市 2016 年 ZY-3 卫星影像提取建成区范围内水系，水域面积为 29.82 km^2，水系分布见图 6-57。

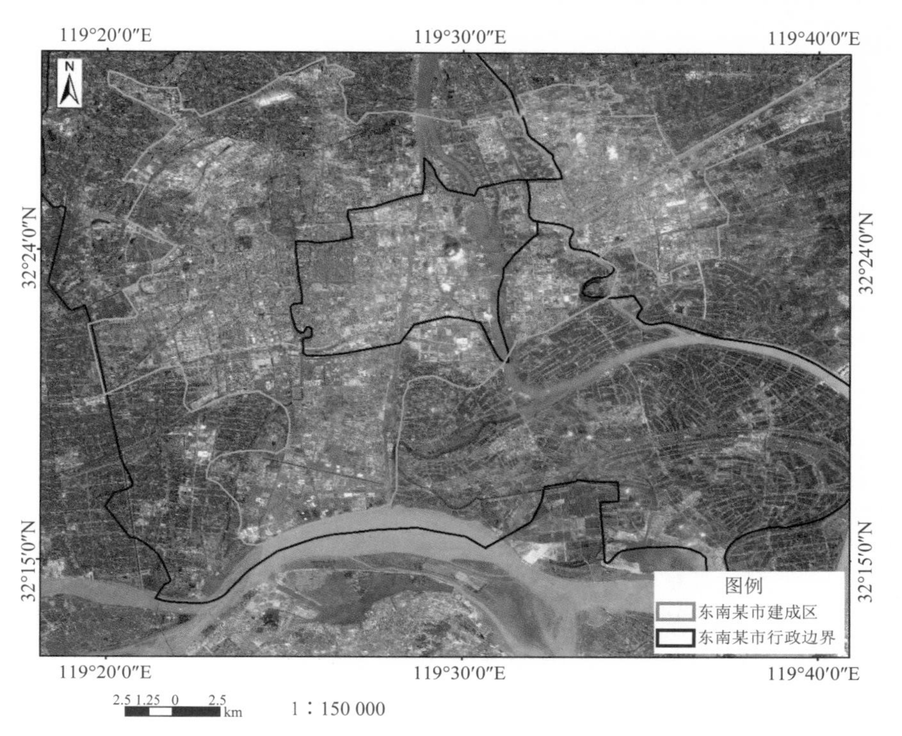

图 6-56 东南某市建成区分布

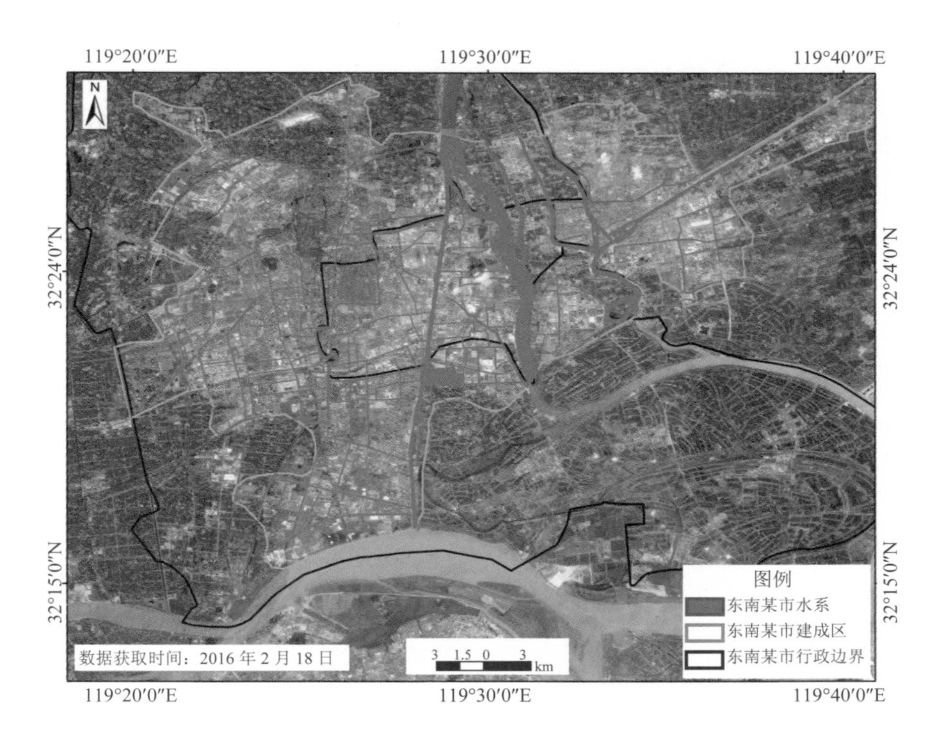

图 6-57 东南某市建成区水系分布

6.6.4 黑臭水体遥感筛查与地面验证

6.6.4.1 黑臭水体遥感识别

通过 2016 年高分辨率遥感影像，利用已建立的遥感识别与筛查规则，如河道断流特征、河面浮萍特征、水生植被特征、滩涂特征、河道硬化特征、水面光谱特征等，基于高分辨率卫星影像共计筛查出东南某市建成区范围内的 54 条疑似黑臭河段，其中有 47 条疑似黑臭河段在其统计黑臭水体名单之外，疑似黑臭水体空间分布见图 6-58。

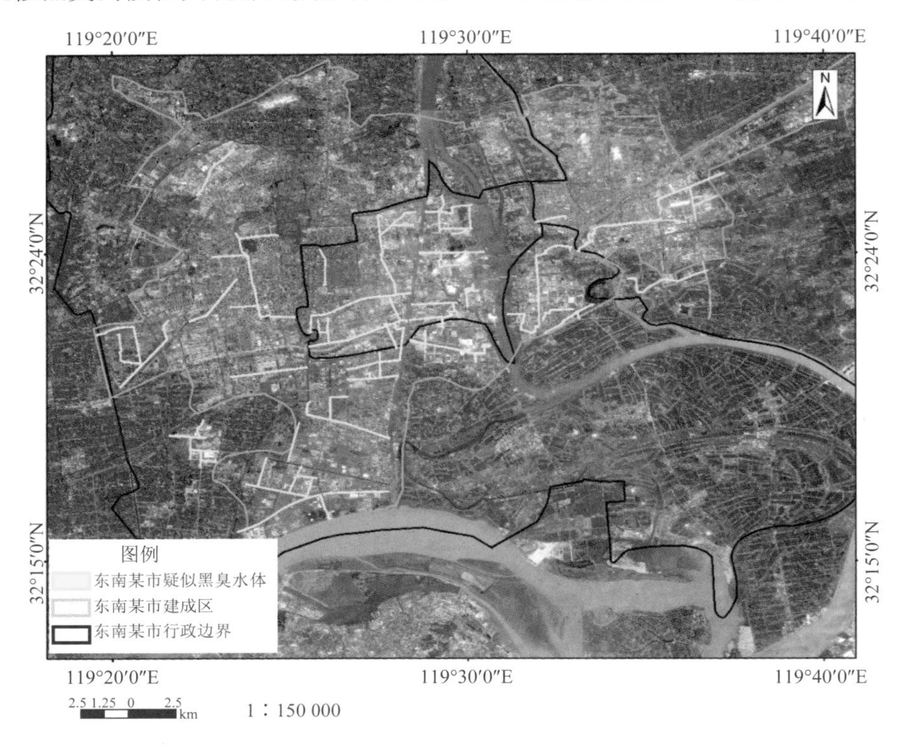

图 6-58 基于遥感识别的东南某市疑似黑臭水体分布

6.6.4.2 地面测量与采样验证

为了验证遥感识别和筛查的精度，2016 年 6 月 15—17 日开展了东南某市黑臭水体地面验证试验。根据遥感疑似黑臭水体分布和已统计黑臭水体名单，最终到达并验证了 52 个地面验证点作为地面调查范围（图 6-59）。

根据黑臭水体遥感筛查与地面验证技术规范的要求开展地面验证试验，记录了经纬度、河段名称、水面、岸边、污染排放、典型地物等，如果现场判断为疑似黑臭河段，还需进行水体采样和水质原位测量，主要测量 pH 值、氧化还原电位、溶解氧、透明度、水温、氨氮等指标，用于进一步验证疑似黑臭河段的正确性，判别统计黑臭水体名单的准确性。

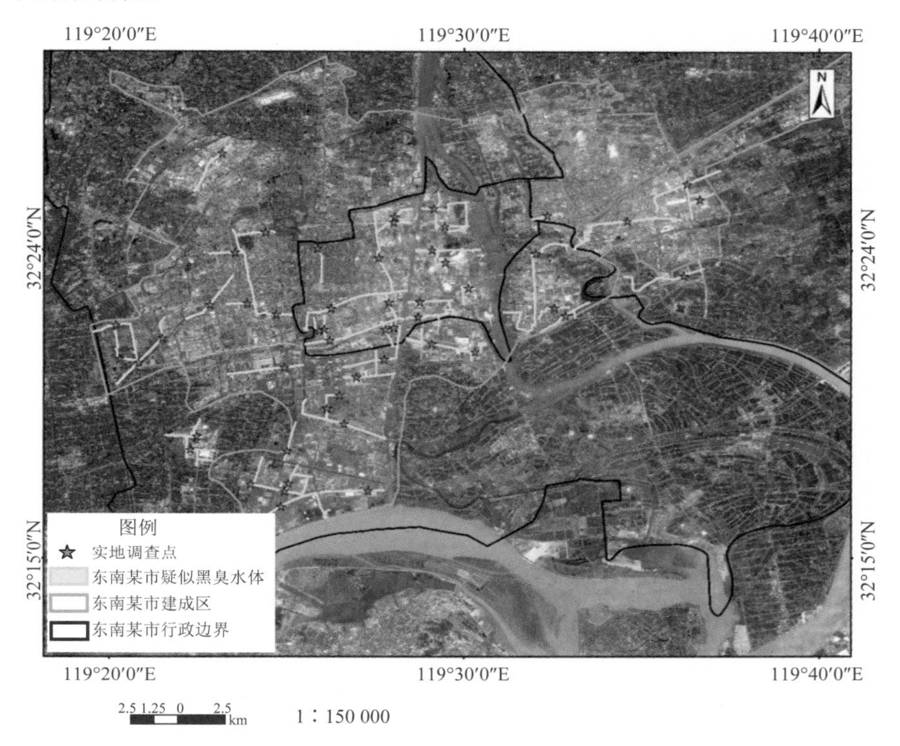

图 6-59 验证点分布

6.6.4.3 验证结果

经过实地验证，按照《城市黑臭水体整治工作指南》的黑臭水体现场判别标准，对疑似黑臭河段的典型断面进行了现场实地验证，去除明显是一般富营养化水体的河段，经现场和指标综合分析获得 17 条黑臭河段，其中轻度黑臭河段 12 条、重度黑臭河段 5 条，分布在建成区的各个区域。疑似黑臭水体信息汇总见表 6-14，具体分布见图 6-60。

表 6-14 基于实地验证的东南某市疑似黑臭水体名单

河流编号	河流名称	黑臭级别
1	河段 1	轻度黑臭
2	河段 2	轻度黑臭
3	河段 3	重度黑臭

河流编号	河流名称	黑臭级别
4	河段 4	重度黑臭
5	河段 5	轻度黑臭
6	河段 6	轻度黑臭
7	河段 7	重度黑臭
8	河段 8	轻度黑臭
9	河段 9	轻度黑臭
10	河段 10	轻度黑臭
11	河段 11	轻度黑臭
12	河段 12	轻度黑臭
13	河段 13	重度黑臭
14	河段 14	重度黑臭
15	河段 15	轻度黑臭
16	河段 16	轻度黑臭
17	河段 17	轻度黑臭

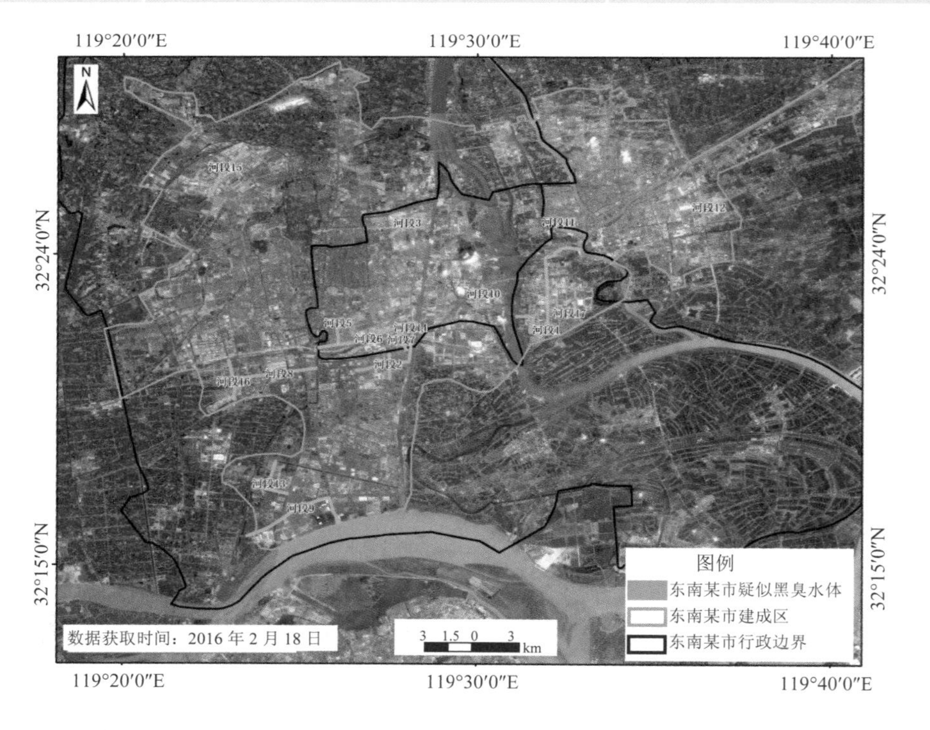

图 6-60　东南某市疑似黑臭水体分布

6.6.5 基于无人机的黑臭水体遥感监测

与卫星遥感监测相比，无人机监测技术可在云下低空飞行，具有灵活性大、空间分辨率高、时效性强、成本低等诸多优点。通过综合分析，得到大面积测区的各项监测数据，以面信息结合传统点信息，从而为整个测区宏观环境评价提供依据。无人机上面搭载的摄像装备的影像分辨率可以达到0.1～0.5 m，优于目前国内外一些高分辨率卫星影像数据，采用高性能自动处理技术可完成数据的预处理、精加工、镶嵌及高程数据生成，能与GIS及遥感应用系统方便集成，可快速搭建环保应用，能保障提供综合和周期性的服务。

近年来，已有学者对无人机应用于水环境遥感监测进行了初步的研究工作，但其搭载的传感器以普通数码相机为主，而搭载多光谱、高光谱、近红外、雷达等专业载荷相对较少；此外，关于利用无人机对城市黑臭水体开展专项遥感调查的研究鲜有报道。为此，针对当前城市黑臭水体监管工作的业务需求，开展了基于无人机平台的城市黑臭水体遥感监测试验。

2017年11月22日，利用多旋翼小型无人机搭载5波段多光谱传感器，沿河流两岸飞行采集，获取的多光谱影像通过专业的处理软件完成影像空中三角测定（图6-61）、DSM（数字表面模型）（图6-62）、DOM（正射影像）（图6-63），并获取NDVI（图6-64）等图像。

Project	20171122-11
Processed	2017-11-22 19:14:48
Average Ground Sampling Distance (GSD)	4.47 cm / 1.76 in
Area Covered	0.0309 km^2 / 3.0851 ha / 0.0119 sq. mi. / 7.6273 acres
Time for Initial Processing (without report)	01h:56m:00s

Images	median of 30069 keypoints per image	✓
Dataset	395 out of 405 images calibrated (97%), all images enabled	✓
Camera Optimization	0.85% relative difference between initial and optimized internal camera parameters	✓
Matching	median of 12432.2 matches per calibrated image	✓
Georeferencing	yes, no 3D GCP	⚠

图6-61 航空摄影空中三角测量加密结果

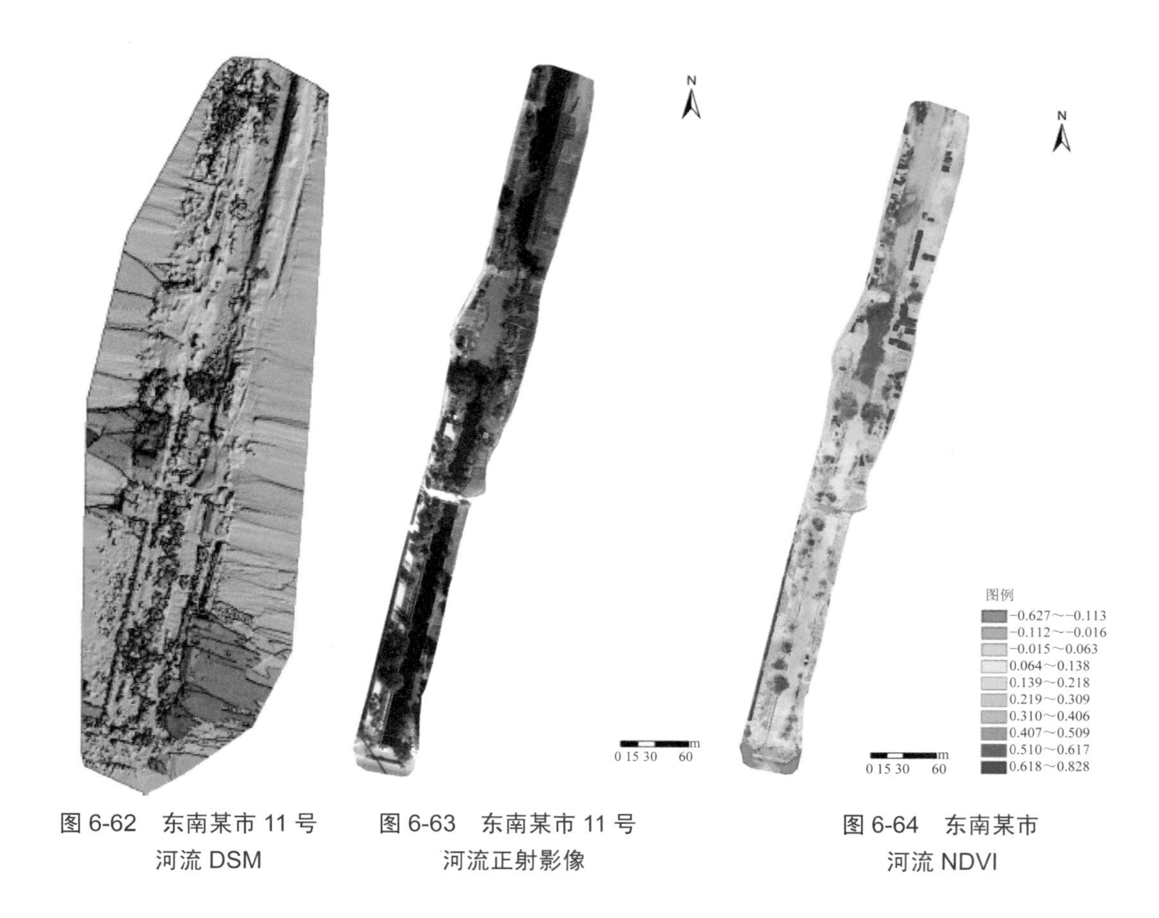

图 6-62 东南某市 11 号河流 DSM

图 6-63 东南某市 11 号河流正射影像

图 6-64 东南某市河流 NDVI

无人机和各类传感器的集成技术的引入，能够为城市黑臭水体的监测提供更多的监测手段。伴随着无人机在水环境应用工作中的进一步研究推广，以及其技术水平的不断提升，未来无人机会为城市黑臭水体的监测工作提供更有力的技术支撑。

• 2017 年 9 月 26 日，国家重点研发计划“城镇水体水质高分遥感与地面协同监测关键技术研究课题”在北京召开课题启动会

• 2018 年 2 月 7 日，“十三五”水专项“城市水环境遥感监管及定量评估关键技术研究课题”在南京召开课题启动会

• 天津黑臭水体星地同步光谱测量试验

Urban black and odorous water monitoring technique and application using remote sensing

• 无锡黑臭水体星地同步野外采样试验

• 本书作者之一李家国博士在深圳市进行黑臭水体试验采样

Urban black and odorous water monitoring technique and application using remote sensing

• 本书作者之一申茜博士在中国科学院遥感与数字地球研究所水体光学实验室进行黑臭水体光学特性测量

• 南京、扬州及无锡黑臭水体无人机监测试验

• 本书作者之一吴传庆博士在与大家商讨黑臭水体试验测量结果

中国遥感应用协会文件

中遥发〔2017〕7号

关于“遥感技术首次辅助城市黑臭水体整治工作取得实效”等入选“2016年度中国遥感领域十大事件”的通知

各会员：

为扩大遥感应用的社会影响力，促进遥感应用产业发展，提高遥感应用水平，协会继续组织了遴选“2016年度中国遥感领域十大事件”的活动，于2016年11月以中遥发〔2016〕8号文件作了部署，广泛征集协会会员单位候选事件，同时委托相关媒体推荐了若干候选事件，专家委员会对候选事件进行了评议，经理事长通讯会议审议，评选出2016年度中国遥感领域十大事件，评选结果如下：

一、遥感技术首次辅助城市黑臭水体整治工作取得实效。体现了利用遥感技术开展环境整治的现实需求，是“遥感进城”的标志性事件。

Urban black and odorous water monitoring technique and application using remote sensing

• “遥感技术首次辅助城市黑臭水体整治工作取得实效”入选“2016年度中国遥感领域十大事件”之一

Urban black and odorous water monitoring technique and application using remote sensing

Water Environment 水环境 05

黑臭水体，遥感卫星看清你

北京61段水体“验明正身”

北京说了:2018年实现全面“除黑”

遥感监测大有可为

黑臭不消除 百姓不舒服

如何举报黑臭水体?

•2016年9月26日，《中国环境报》第5版专题报道《黑臭水体，遥感卫星看清你》

• 2017 年 11 月 15 日，中央电视台科教频道《走近科学》栏目的《天眼识污锁定黑臭水》节目采访本书作者之一王桥研究员

Urban black and odorous water
monitoring technique and application
using remote sensing

• 2017 年 11 月 15 日，中央电视台科教频道《走近科学》栏目的《天眼识污锁定黑臭水》节目采访本书作者之一朱利博士